丰源益语 ①

边走
边悟

🌑 中华工商联合出版社

图书在版编目（CIP）数据

边走边悟：丰源益语 / 包丰源著 . —北京：中华
工商联合出版社，2014.7（2023.6重印）

ISBN 978-7-5158-0970-0

Ⅰ. ①边⋯　Ⅱ. ①包⋯　Ⅲ. ①人生哲学 – 通俗读物
Ⅳ. ① B821-49

中国版本图书馆 CIP 数据核字（2014）第 127219 号

作　　者：	包丰源
责任编辑：	于建廷　臧赞杰
封面设计：	水玉银设计
责任审读：	郭敬梅
责任印制：	迈致红
出版发行：	中华工商联合出版社有限责任公司
印　　刷：	三河市燕春印务有限公司
版　　次：	2014 年 8 月第 1 版
印　　次：	2023 年 6 月第 4 次印刷
开　　本：	700mm × 1000mm　1/16
字　　数：	180 千字
印　　张：	11.5
书　　号：	ISBN 978-7-5158-0970-0
定　　价：	38.00 元

服务热线：010-58301130
销售热线：010-58302813
地址邮编：北京市西城区西环广场 A 座
　　　　　19-20 层，100044
Http：//www.chgslcbs.cn
E-mail：cicap1202@sina.com（营销中心）
E-mail：gslzbs@sina.com（总编室）

边走边悟
丰源益语

目 录
contents

第
一
章

心智能量

♥ 世界是全息的

✿ 人与人之间以情绪或慈悲进行有效链接，以感觉的形式出现。你对一个人的感觉好或者不好，都是一种链接。

✿ 坦诚和真实不是工具和手段，而是给自己机会。今天对他人不能够坦诚，就会吸引来贪婪之人。贪婪之人最后一定会有其结果。任何事情都会成对地出现，贪和骗是其中一对。如果没有贪，怎么会被骗？如果你只想帮助人，谁能骗得了你？

✿ 看一个人时，不用了解他是谁，而是要看他周围的人。一个企业员工的样子就是老板心灵的呈现。一个老板看看自己的员工，也就知道自己是个什么样的人。

✿ 一个点，一条线，一个面，一个圆。很多时候我们看到的只是一个点：这件事情怎么了？其实不是仅仅涉及这件事情，而是一个整体。人活在一个系统中，你的些微改变都会影响与之相应的系统。人无法独立存在，每个人都是其中一员。

✿ 一切归结为"无"。宇宙岂能没有一点实实在在的东西？包含在宇宙当中的信息是确实存在的，无论是反映宇宙背后的深层结构，还是宇宙本身，描述整个宇宙都需要信息。

✿ 在宇宙中，从生命体到非生命体，时时处处都包含着整个宇宙的信息。当你执着于自己的眼睛所见、大脑所思和身体所感时，那种全息世界的深层次感觉你是体验不到的。只有当你放下以往一切知识所带来的成见时，才能体验到全息的世界。

✿ 在全息理论里，从 A 点可以到达 B 点，不需经过任何时间和空间的跨度，这也可以解释为何在心灵感应里从未捕捉到两个物体之间任何物质或能量的传递，这是因为两点之间的交流根本不需要穿越实际时空。

✿ 如果你能够理解这些，就会很有智慧。勿以善小而不为，勿以恶小而为之。智慧—面对—接受—放下—臣服—链接—能量—改变。

♥ 人要活得立体多面有光泽

✿ 生活是多面的，不仅表现为开心、舒服、喜悦，也表现为痛苦、烦恼、不幸。无论哪个面，我们都应该喜悦地接受，人要活得立体多面有光泽。每一个人都是丰盈饱满的，没有达到这种状态是因为这个人的能量不够。

✿ 情绪无所谓好坏，所谓的好坏都来自我们的定义。这个世界一切都是对应与平衡的，有黑就有白。情绪是社会发展的重要推动力。

✿ 人最后修出来的，不是清心寡欲，不是没有情绪，而是有光泽——是光泽，不是光彩。修出来的是懂得宇宙的实相，不是人生智慧。中国人的智慧很大程度上在于文字，不同的文字有着不同的解读。

✿ 人首先要懂得尊重，其次是臣服，然后是结果，得到，改变，很多人提升或改变都源于这个规律。

✿ 一路同行，我为你的提升而付出，你要为自己的成长而臣服，只有臣服才能有所链接。相信是一种链接，当一个人不相信，并带着自己的很多观念时，是很难与外界建立链接的。我只是一个通道，通过调整频率来为你打开智慧之门。当我们的频率尽可能趋同或者一致时，就不会再内耗，这就是我们之间的纯净。

♥ 懂得尊重人与自然和谐

❀ 清明节是一个万象更替、天地运行的转折点。全世界也只有中国人懂得运用二十四节气，这也是中国人懂得尊重人与自然和谐关系的一种表现。

❀ 自然有节气，人亦如此，人生也有着属于自己特性的节率。天地自然有二十四节气，人生也有着二十四节率。理解自然也就理解了人生和人性。但人生很大程度上是以 5 年或者 5 的倍数年为阶段来进行转折更替或者作为生命的一个节点的，包括国人的很多计划、谋略都是以 5 年或者 10 年为一阶段的。有的人在很小的时候一路顺风顺水，有的人中年得志，有的人到了暮年喜悦幸福，所以古人讲人应该活到 120 岁就是这个道理。

❀ 一个人的心态成熟与否，不在于年轻或者年长，而是取决于人与自然的关系，也就是一个人接受自然、臣服自然规律的程度，并且能够调整自己与自然和谐的效力与方向。有的人年龄不大，却能说出很多大人的语言，表示这个人的成长得快，适应自然的能力强。有的人岁数不小，说话做事却还很稚嫩。

❀ 人是自然环境的产物，环境可以创造和改变与之相应的能量场。人在不同环境中得到或感受到的能量不同，也会在一个低层面影响人的思想与行为。人的思想与行为能够与自然和谐，人就会感到舒服。儒、释、道、医、武、易都属于中国人的瑰宝，讲述的就是人与自然的和谐关系。

❀ 东方智慧讲合一。只有了解自己，才能够更好地了解或者解读他人，也才能够到达敬天爱人的高度。

❤ 有效互动才能让关系长久

从生命神圣诞生的那一刻起，人就存在于群体的组织之中，并相互依存、相互制衡、互为因缘，一如永恒和谐的自然。人无法独立存在于世，必须要依存于家庭、社会、国家、世界等各种形式的组织关系。如何使更多人在一起并达成目标，是为人一生要学习的一门必修课。世界上那些历史悠久的组织之所以传承千年不败，是因为它满足了人内心深处的需求。只有达到将组织的使命和个人的需求相契合的精神氛围，组织才能在人的心灵推动下，从无到有，从小到大，直至永续发展。

人来到和离开这个世界，都在与人互动。在人与人的交往中，有些人值得停驻，有些人只是萍水相逢，关系的结果既是缘分，也是彼此互动、利他精神使然。多说他人好话，多做对他人有利之事，自己也会受益。

人和人之间很简单，面对冤枉和无端的指责该如何处理？首先没有好与坏，好与坏只是自己的定义，只是一个过程。我们常将对自己好的定义为对的、善的，将对自己不好的视为错的。经历就是恩典，都是能够让自己的生命有所成长和进步，这样也就不存在冤枉和无端的指责。一切外在遇到的事情都是自己内在情绪产生的感觉。人生的智慧在于遇到问题和麻烦时还能笑得出来。

物以类聚，人以群分。人与人的交往是有区别的，不是所有人都一样。有的人不断索取，有的人甘愿付出。当人与人的关系能够有效地流动时，这样的关系才能长久。

如何和人在一起，特别是那些给你带来深深伤痛的人，不是挑战，而是人生智慧。

♥ 发现自己独有的价值

✿ 每个人来到这个世界，都有着属于自己的独有价值。在发现和创造自身价值的过程中，也是一个看见和发现自己的过程。

人来世一遭，空空来，空空走，来到这个世界只为两件事情：一是修出一个更加精进的生命体。让自己更好的不是物质的享有，而是精神的归属。二是通过帮助他人来提升自我价值。这个世界的游戏规则是交换，一切的得到都是来自于等同的交换，所以只有付出才能有所收获，看看别人有什么样的需求，你尽量去做，在这个经历中才能发现和提升自己的价值。

✿ 经历就是恩典。有些经历表面上给我们带来了痛苦和烦恼，往深层次看，却是提醒我们发现自己在这个世界上要完成的使命，也就是要创造的价值。一个人的价值，只有在行动中才能得到体现，那些价值不是物质和权位，而是对社会、民族、他人有所帮助的生命的成长。

你在过往经历的缺失，是你在此生要尽量弥补的；你在过往经历中曾经的付出，就是你在此生中的成就或天赋。

✿ 这个世界上没有障碍，只有狭隘。从远古到现在，人类征服和跨越了多少障碍？如果那是障碍的话，人类是无法跨越的，所以不是障碍，而是人愿不愿意去做和改变的问题。你有意愿就能做到，没有意愿只能空想，并告诉自己那是障碍。

人很简单，复杂的是自己的狭隘。

♥ 敬畏与感恩生命

学习的初衷，是为了回到生活中改变和提升自己。道理仅仅是道理，如果一个人的思想和能量没有得到提升和改变，知道再多的道理也是枉然。

人不愿意改变通常有三个原因：一是没有觉悟到是自己的问题，二是缺乏对生命真相的了解，三是不懂得感恩。所以心智财富教育从这三个方面入手，让人懂得规律、敬天爱人、感恩行动——只有这样才令人有所不同，相同的自己不能创造不同的未来。

每一个人的生活经历都有着自己的惯性，每一个人都有着自己习惯的舒适圈，懂得规律后仍然不愿意付出行动来改变原有的状况和提升自己，就是缺乏对生命的敬畏、尊重和感恩。

人生在世不容易，改变和提升是自己的需要，也取决于自己的意愿，和任何人都没有关系。没有能不能，只有愿不愿意。愿意就会有行动，其他都是借口。多一份感恩，少一份计较；多一份尊重，少一些拉扯。多一些利他行动，就多一份能量，多一份幸福。一切是自己，自己是一切。

一个组织的存在与发展，重要的不是赚钱，而是找到与协调有着共同精神需求和共同使命的人，这样才能有效地建立系统并有序地推动企业发展。

♥ 多一些感恩和行动

人的能量来自于和他人（或物质）的交换互动中，由此得到或失去能量。有的人帮助别人做了好事，获得赞许，就是一种能量的提升；而有的人要通过和对方争执或埋怨的方式来释放自己的情绪，或者不断地把自己的"苦难"告诉别人，从别人对自己的怜悯中获得宽慰、获得能量提升——这样的行为一两次也就罢了，但如果像祥林嫂一样喋喋不休，就会消耗他人能量。遇到这样的人，最好是远离他，或者让他懂得感恩自己的生活经历。

一个人总觉得自己活得苦、活得累，原因在于：一是不能觉悟，二是不懂得感恩，三是不愿意行动，不断地给自己的生活结果找借口。一个人若多一些感恩和行动，就会在与他人（或物质）的互动中提升能量，让自己走出"苦"的历程。

计较是贫穷的开始。有的人计较付出，计较行动，计较感恩父母，计较感恩生命——有多少计较就会有多少苦难和贫穷。什么样的人过什么样的生活，反之，你过着什么样的生活就体现出你是个什么样的人。

❤ 人生初衷是让人觉悟

人生经历是最好的老师，人不可能永远成功或者总是踏空，要懂得面对自己的经历，只有在经历中发现、接受，才能有机会改变和提升。

初衷决定结果，初衷无所谓对与错，重要的是我们怎么看这个过程。就好比嫁了一个人或者娶了一个人，可能会直接影响到你未来生活的开心或者不开心，重要的是我们要懂得婚姻的目的。

如果能够将这个时段看得长远，你就会发现在此过程中，开心与否只和你自己有关，这都是我们生命中必须经历的一个节点，也就是在这个节点中能使你的生命有所突破。

如果这一切你不能接受、不愿意面对，类似的事情将会不断地出现，这就是你一生必须修行的"功课"。

来到这个世界的每一个人，都带有各自的使命或者说是要完成的功课，这也就是我们能够为人的初衷，这个初衷就是要在这一次的生命中有所觉悟，尽可能完成或者弥补过往的缺失。如果懂得这个人生初衷，不论做什么都会开心喜悦，遇到什么人和事都会接受与感恩。

有一天当你突然悟到这一切的时候，你就会无上感恩这几十年来的经历和所谓的磨难，感恩那些曾经给你带来痛苦的人与事，感恩今天的成就、今天的生命，感恩这样的方式能让每个人充实、幸福地成长。

没有理由只有借口，做得好就会有一千个做得好的理由，做不好也会有一千个做不好的借口。好与不好都不重要，只要你还活着就有机会觉悟，就有机会"补考"。感恩每一天的光景，感恩再感恩！

♥ 外在一切都是与内在的自己相遇

一个观念改变一个国家，一个想法改变一个人因而改变一个家庭、一个族群。人的一切都是思想的产物，都是思想的化现。思想改变，才能让外在的世界有所不同。相同的自己不能创造不同的未来！要让你的生命有所不同，就要发现、觉悟、行动、改变，得到结果。

知道只是个开始，更重要的是自己的觉悟并将感恩化现为行动。

外在的一切都是你与内在的自己相遇，是你与内在的自己不断走向合一的过程。你外在的一切只是与你自己形成紧密的链接，也就是让你的意识和潜意识相互融合，达到合一或者趋向合一，这就是所说的圆满。

宇宙存在着同频共振、同质相吸的原理。世界的规律或者大成智慧，是在于对规律的发现、掌握和运用。一切的规律源头体现为链接和平衡——臣服形成链接，因链接得到能量和智慧，从而创造不一样的未来。

平衡与链接非常重要，理解这两点，才能悟到宇宙的真相。

♥ 对他人期许都是自己生命中的"缺"

面对恐怖事件，更高的智慧不仅是祈祷和愤怒，而是净化自己和提升自己。

要制止战争，不是参加反战活动，而是支持世界和平运动。一切都是平衡，有黑就有白，参加反战活动从单方面来说是对的，但是从合一的角度来讲，和平才是我们最终的目的。当一个人更加纯净才会拥有更高的正能量，也才能稀释那些邪恶和反人类的事情。我们与世界的关系，不是"我"而是"我们"，这是一个人的觉悟和智慧。

人活一生的目的在于修"受"和修"舍"，付出与牺牲的区别在于自己的觉悟和定义。经历不是恩典就是成本，能够从经历中得到提升就是有效的舍，因为有舍才会有得。如果还不能受，就意味着浪费了自己生命中的一次经历。

付出是喜悦的，因为付出的行动本身就让自身得到满足。牺牲是失落的，因为行动背后是期望对方的反应能弥补到自己内心的缺。一切都是换来的，不是付出就是牺牲。

对他人的期许都是自己生命中的"缺"。放下期许和他人一起成长。

♥ 舍与得同在

生活中所遇到的一切都是自己，都是与自己曾经的经历和过往的重逢。情绪通常来自过往经历中的记忆，在现实中遇到类似的情景就会触景生情，产生情绪上的反应。

一个人的能量提升，观察其相貌的改变是最为直接的，相由心生。让更多人开心喜悦就是让自己开心喜悦。

看似我们在为他人付出，其实一切都是平衡，不增不减、不垢不净、不生不灭。你对他人付出的一切最终都会回到自己的生命中。

一切没有好坏、善恶，一切都是能量的守恒与平衡。

舍与得同时存在，不是先舍后得。人在舍的那一瞬间也就得到，只是往往感受到"得到"的时间会有延迟。人要懂得等待——当与之相适应的条件出现，才能完结这个舍与得的结果。

❤ 提升心灵维度

❀ 一个人的思想或者是境界的高度也就是一个人的心灵所呈现的维度。处在不同维度时人所获得信息是不同的，这个不同也在随着思想与能量的交互而改变。

❀ 所谓的信息就是人在不同高度所呈现的投射，以感觉或者直觉的方式给予人的信息传递。在两个人交流时，这个人的思想高度高于对方，就能够解析对方的内在要真实表达的信息，如果低于对方就很难或无法"听到"对方内在的声音。

❀ 人要修的就是从低维度提升到高维度，也就是我们常说的提升境界，一方面与更高的精神能量链接，另一方面更容易从现象看到本质，认知和懂得事物发展规律。比如人活在四维世界里，蚂蚁和毛毛虫活在二维世界中，所以四维的人看二维的蚂蚁就很简单。大人看小孩所做的事情就很容易和简单。

❀ 很多的时候给人建议，可是他不会去做，你告诉他要怎么样，他会回答我知道，可就是做不到，不是他没有听到，而他说的知道是在意识层面的了解，不是心灵经过有效链接后的懂得，因为不在一个层面。人接受外在的咨询时，意识是来接受知识和道理的，而潜意识是链接与能量同频的信息，而人的行动来自于潜意识的驱使，所以，人要修就是提升思想境界，从知道到做到。

✿人的修炼就是让生命不断提升，形成更多精神能量，穿越生命障碍，修复心灵创伤，也就是佛家所说的消业、精进。人在这一生的修，来自于提升境界，建立家族链接关系，修复心灵创伤、改变基因。

♥ 多给自己一次机会

✿人的一生都是在各种关系中碰撞、交互——人与自己、人与他人、人与物质、人与宇宙。在这些关系中，人只有与自己的关系和谐，才能推己及人，才能与外在的世界保持和谐，这就是《大学》中所讲"修身、齐家、治国、平天下"的道理。

✿在各种关系中的所有碰撞，都是与内在的自己相遇，都是自己过往经历中"种子"的化现，所呈现的结果就是自己过往内在的经历，经历不是恩典就是成本。在这个经历中，人所损失的不仅是财富或婚姻，更是一个个机会。

✿有的时候一个人对另一个人好很多年，最后可能会因为一件小事而不开心，甚至互不来往。有的人对他人一直付出，但得到对方回报后，这段关系就结束了。这都反映着福报与功德的关系。福报是一报还一报，用完就止，下次需从头再来。功德则是持续累积的福报，好比银行存款，多累积些福报才会转化为功德，才能让自己生活得更好并荫泽后代。

✿与人相处时，多付出一些，就是福报；多得到一些，就是失德。德，西方文化称为能量，东方文化解释为人的品行，也就是人的正气，所以说"厚德载物"。品德好、能量大，就会换来更多的机会，最后表现为物质，也称之为福报。

✿ 我们常说：如果再来一次，我会做得更好。生活没有彩排，这一次也许就是最后一次。人与人的碰撞和交互最为重要的是机会，在于怎样与他人流动。关系只有在彼此交互中才能流动，不然就是瘀塞，不流动。流动才会有机会，有机会才会有创造结果的可能。机会不是别人给予的，而是自己创造的结果。

♥ 不要拿感恩当习惯

✿ 经历不是恩典就是成本。因为有过往累积事情的化现——福报，才有被他人帮助的结果。如果不能持续累积福报化为功德，福报消耗完后，下次就要从头再来。

✿ 一件事情做得好与不好，所耗的功其实差不多，但结果完全不一样，不是在提升能量，就是在消耗能量。

✿ 觉悟表现为结果，表现为下一次同样的事情出现时，结果有所改变与提升。如果结果还是一样，所谓的觉悟就是借口。一个人由于自己的计较和狭隘而产生错误，而且还建立在很多人付出和奉献的基础上，就会形成自己很大的"缺"。

✿ 看一个人，不是听这个人怎样说，而是要看他怎样做，做出什么样的结果。结果反映着这个人的思想。

✿ 生活没有彩排，每一次都是终场演出。

♥ 在动态中建立能量的平衡

人因能量而存在，因能量而转化。能量是守恒的，不生不灭、不增不减、不垢不净。我们的一切显现都是能量聚会与离散的结果，并因能量而形成了不同场效——就好像一个圆又套上或者叠加另一个圆，每个能量场之间相互作用相互影响。

当一个新的能量进入原来的能量场中，就会打破原有的平衡并重新建立起新的平衡关系。

比如一个组织中有新人进入时，就会重组原有的结构进而形成新的平衡状况；有人离世时，这个家庭的关系也会发生新的改变。又比如几个好友在一起聚会，这个时候若有新的人加入，几个原有聊天者的话题或感受就会受其影响有所不同。这种感受是真实的，我们可以通过观察自己的感受来调整这种平衡关系。

当我们处理一件事情或者要改变一些事情时，首先要考虑平衡的关系。我们所做的就是让自己这个能量场的圆更大、更稳定。

这个原理也可以运用在企业经营环节中——企业为推动产品销售做广告是对的，但是更要考虑的是：这个产品的出现会打破什么原有的平衡？企业要为此付出什么样的代价？新的平衡对谁有利？所形成的新平衡是什么形态的？

企业重要的不是做宣传，而是要考虑怎么建立和重组新的平衡机制。一个产品最为重要的是如何在平衡的交互关系中进行有效定位，让更多叠加能量有效融合。

♥ 纯净是臣服后的行动

❀ 有的人追求纯净，但是，世界上的一切都是相对的，有黑才有白，有痛苦才会有幸福，所以不存在真正意义上的纯净环境或者事情，一切都是和合而成。

❀ 世界上存在着同频共振、同质相吸的规律。也就是说所谓的纯净就是一类人或者一种事物在一起。物以类聚、人以群分——在环境中的一类人或事物，频率近似就形成一种相对纯净。

✿ 一个人的纯净首先是对自己认同的群体臣服，只有臣服才能有效链接。如果总是有很多意见和情绪，就无法产生链接，也无法创造相对纯净的环境。所以一个人的纯净表现为能够放下自己的情绪，懂得链接。如果大家都能这样，就是能量最大化的纯净，也就是内耗最小化。

✿ 在一个纯净的环境中，没有所谓的"别人"的事，都是"自己"的事情，为了组织或者系统减少内耗，这样才能因纯净而能量最大化。

✿ 纯净是臣服后的行动。人不是要追求什么纯净，而是用自己的臣服来与体系链接，减少消耗，创造相对纯净。

✿ 纯净不是结果而是感觉，是接受、是臣服、是行动；纯净而后的行动就是纯粹。这个纯粹就是懂得自己的行为和结果，接受并行动。

✿ 开悟是行动、是臣服，是接受后的行动，不是带着情绪或者总是自以为是。这个世界没有绝对，只有相对、最终合一。人重要的是随时与自己的合一，身心合一。

♥ "空"创造了"有"的部分

"让更多人帮助更多人"的使命，不仅是一句话，更是承载着无数对生命有所追求人士在这一生改变和提升的机会。

让人改变与提高生命状态，不仅仅是情绪释放或改变一个人暂时的病痛，或解决暂时的财富、事业、婚姻、孩子教育问题。

我们知道这个世界一切都是链接与平衡的结果，不生不灭，不垢不净，不增不减，只是因环境改变由一种形态转变为另一种形态。

每一个人都是一个生命的节点，一个家族就好像从起笔到终止所画的一个圆。大多人看到的只是这个圆的外形，而最有用的是圆中的面积——"空"创造了"有"的部分。

我们要知道一个人不是独立存在的个体，而是承载着整个家族能量与使命的集合体。这个使命可以比作是一个由家族成员手拉着手相连时所呈现出来的圆以及所创造出来的面积。当家族中的每一个点尽量最大化的时候，这个面积也就是家族能量才能够得以提升，而这个圆的面积能够更大时，这个家族中的所有成员就可以自如舒适地"活着"。

我们每个人都是系统中的一个点，但不能只看成点，更是要看到和懂得这个点在圆中的重要位置。提升自己的能量就是在改变和提升与你相对应的圆的面积，而这个面积里面所能承载的就是物质的表现，包括财富、事业、婚姻、孩子、身体状况等，圆的面积就是我们的先祖所讲的德——厚德载物！

其实生活中的一切都很简单，只要让其与正确的事物链接，断开不应有或者不需要的链接关系，同时帮助清除、化解、释放情绪，也就对个体和整体起到了提升能量的作用。家族中每一位成员的付出，都会扩大这个圆的面积，所以人都会因此受益，而当这个圆的面积缩小时，其中最弱的人就受到挤压，也就会呈现出很多问题——而在家族中这个最为弱小的人通常就是孩子与老人。对父母、孩子最大的爱，就是让自己好起来，提升自身能量来支持这个家族体系，在这个过程中自己也将得到最大的受益。

一切都是平衡，一切都是换来的，只有成全别人才能成就自己。

不要只看到事物的一个点、一个片面，而是要透过现象看到本质。

人很简单，一切的问题深层来自于平衡与链接，表层为境界、情绪、基因、家族，呈现出来的就是事业、财富、健康、婚姻、亲子教育等。

很多人的狭隘在于无法走出"我"，以自己的一个点来观察全部，以自己的善恶、喜好来对待自己所对应的"圆"。

这个世界上没有发明只有发现。我只是将前人所走过的路进行梳理并从中找到规律，然后用大家能够听懂的好理解的语言与对个案处理和游戏让大家看到和懂得事物存在的规律，并掌握和运行，以达到生活幸福，家族兴旺！

祝福大家好好地"活着"！

♥ 让别人开心喜悦

✿ 世界上的一切都是能量的体现，小到饮食吃饭，大到战争侵略，全都是为提升能量而行动。企业的关闭、亲人死亡、朋友的离去……任何一种事物的消失都是能量的终结。一个人如果能够让更多人开心、快乐、幸福、喜悦、解脱烦恼，就是在提升更多人的能量，就会得到更多人的尊重和颂扬。古往今来的先贤圣哲、伟大的思想者，还有那些对人类进步做出过有益贡献和促进的人，直到今天我们还在缅怀、学习和继承他们的思想与品德，因为只要是善的、有利于社会进步的东西就是在提升人的能量。

✿ 人的内在原本就存在着强大的爱与智慧，我们可以通过与家族及周围人能量的联接与碰撞，让身心更开阔，更有活力。可是，随着年龄的增长，人们开始变得越来越认同自我，世俗的观念增多，渐渐失去了原本的纯真，与心灵的联接越来越少，结果导致心智的成长渐行渐远，能量的流通被严重地阻塞。

♥ 用功德积攒福德

✿ 人的一生，最后外在所拥有的就是福德；内在可以拥有的叫做功德。人这一生最后留下了一个字叫做"德"。从这张"资产负债表"中可以看到，外在的世界其实是一个存在的银行，是一个宇宙的银行，只是这个银行储存的不是钱，而是福德、功德。这一辈子要赚到的是积善。

人来到这个世界上要为别人多付出一点，就像银行存款，不要总是取，要多留一些，留的这些就是积德。我们要用自己的多做也就是功德，来为下一个生命积攒福德。你的付出就是功德，余下的就是福德。

✿ 有儿女的地方就有祖先。家族是一种氛围，一种潜移默化的影响和血缘关系的传承和延续，那是一份力量和一种责任。家训是祖先崇拜的一个表现形式，也是中国人的传统信仰。

✿ 一辈子做合理的正当的事，就是孝的表现；做不合理的违背良心的事，就是不孝的表现。孝不仅要尊、要敬，孝还是一辈子的事。孝敬父母就是信仰祖先的延续，信仰祖先则是孝敬父母的前推，家训就将这两者联系起来，形成中华民族特色的家族文化。

✿ 当很多人参观和敬仰一些人的先辈时也会对他们的后人形成一种投射，这样的投射就会形成家族的能量。在这个世界上与他人分享什么自己就能得到什么，不愿意付出就会得到的少。

♥ 接受自己才会与自己合一

✿ 只有面对不完美的自己才能接受自己，接受自己才会与自己合一，与自己合一才能够获得最大的能量流动。人因能量而生，因能量而灭，这是自然法则。

✿ 看到自己的不足并且能够接受自己，才能改变自己。接受自己是改变的前提，如果不能接受，就会找理由。任何的理由都是借口，这些借口都是不能面对自己、不能接受自己状况的表现。

✿ 不能接受什么就会在什么上过不去——要面子的会在面子上过不去，要钱的就会在钱上过不去。这个世界有舍才会有得，有付出才会有收获。一切都是平衡，一切都是换来的。

✿ 人如果不懂得爱的本质，就会"爱死"对方，其本质是在消耗对方的能量。好像很多家长爱孩子，爱到自己的孩子没有能力来面对自己；有人爱伴侣，会爱到对方离去，自己陷入痛苦。懂爱的人，首先要懂得尊重，懂得爱对方所爱的一切，并用你的行动来支持对方需要支持的部分。

✿ 所谓贵人，是指你的臣服与这个人背后的精神能量进行了有效的链接。一件事情能否成功，也取决于做这个事情的人是否能够与这件事情进行有效的链接；如何没有链接，这个事情就会落空。

✿ 眼睛所看到也许是错觉，身体体验到的也许是假象。

♥ 爱他人就是在爱对方投射的自己

✿ 爱他人不易爱自己更难！一个人很在意别人，就是在不接受自己。

✿ 爱自己才能和自己链接，才会爱他人。爱他人就是在爱对方投射的自己。

✿ 人很简单，因为纯净才会感到生活的美好，因为复杂才体现到做人的艰难。

✿ 人的痛苦是链接与平衡的关系出现错位。

✿ 人不是求诸于外，只有向内才会有能量。

♥ 改变心智结构创造美好生活

　　人生享有的一切都取决于每个人由于心智结构差异所形成的思想。我们知道：任何结果的产生都来自于行动，行动来自于选择，而选择来自于思想也就是观念。思想是人心智结构的内在反映，人的心智是通过眼、耳、鼻、舌、身所触及的事物和当时发生的经历、情绪及结果共同形成的一种内在感受。不同的感受会形成不同的心智结构。当现实生活中出现与往昔类似的经历时，人就会将以往类似事情的感受从心智中调用出来，形成了思想，导致行动和结果。

　　由于每个人的心智结构不同，也就导致即使是面对相同的事情，不同的人产生的行为与结果会有所不同。人只能做出可意识到的思想范围以内的事情，不会做出超越思想以外的行为，这就是思想决定着人生的差异所在。

　　人的烦恼与痛苦来自于对生命的有限认知和由于执着、分别等所产生的负面情绪。每个人在成长、教育与社会化的进程中，都会留下因情绪而形成的心智障碍。这些情绪会产生一种无形的力量，阻碍和影响着人的思想，从而导致人在生活中追求事业、健康、婚姻和财富时受到限制。

　　就好像一辆动力强劲的汽车遇到了障碍而无法前行一样，人的能量会因为负面情绪，在无谓中被消耗和流失掉，前行的目标虽然清晰可见，却很难达成。

　　情绪会造成人心智的匮乏，影响着人的思想和结果，同时也导致了身体的很多疾病，阻碍了美好生活的实现，限制了内在本我的发展，让人失去了许多人生本应享有的幸福与快乐。

　　更重要的是：当我们带着这些早期残缺的自我形像，并且一直认同和相信那是真实的自己时，就会被恐惧、担忧所驱策，如同进入了漩涡，既无力自拔也无从选择。那些存储在心智中的负面情绪如得不到有效的清除与化解，它将因缘相续并且生生不息，不断地使人沉沦在烦恼与痛苦之中。

任何事物的存在都是内因和外因共同作用的结果，世界是守恒的，我们对外界施一个力就将会得到一个相反的作用力，外在境遇只是内心世界的一面镜子，反映着人的内在心智结构，当人执着于事物所产生的结果和现象时，就会失去对初因的了解和觉察。

所以，超越苦乐轮回在于从自我的内在出发，面对与清除潜藏在心智结构中对生活、事业、婚姻和财富有阻碍的那些负面情绪的种子。心智结构的改变，将创造思想的改变从而使得行动和结果不同，这样，人的生活与命运也将会发生彻底的改变。

♥ 成全别人成就自己

✿ 人的所有问题都在于链接与平衡。人懂得这个原理，再看自己的生活就很简单了，还有就是境界和愿力，是否愿意改变，愿意行动。

✿ 一个人愿意做得好，愿意改变就能有所结果。一切都是换来的，每一件事都是在平衡另一件事。愿意做好的人就会想到各种方法来做好；而不愿意就会觉得很难、找很多借口。容易就是自己愿意，不容易就是自己不愿意、不能接受。

✿ 人为什么不能做好事情？是因为自己不愿意。为什么不愿意？是因为缺少感恩。如果一个人能对这个国家、组织、家庭有所感恩就会愿意回馈。

✿ 有感恩就会有愿力，有愿力就能将不可能变为"可能"。从不会到会，从不知道到知道，人类的每一个进步都是在超越自己、完成自己和实现自己。

✿ 每个人的成就是自己做出来的，同样道理，病是自己做出来的，苦难也是自己做出来的，在这个背后就是自己的愿力和感恩。

✿ 只有成全别人才能成就自己。

♥ 做事修的是"我愿意"

✿ 人生很简单。一个想法就能改变一个国家的命运，一个想法就能使一个家族兴旺，一个想法也能让一个人走向深渊。外在的一切都是人的思想体现，有什么样的思想就会有什么样的人生！

✿ 人如果只看到事物的现象是狭隘，看到、看懂事物的本质，并能够运用规律来改变和提升自己与他人就是智慧。

✿ 万物都有其遵循的规律和轨迹，逆向而行就会受到自然的惩戒。有的人做了不该做的事情，以为人不知，也许不会受到法律的制裁，但是逃不过自然的平衡与惩戒。

✿ 父母努力工作、多承担一些家庭责任、为家里赚钱是滋养孩子最好的能量。

✿ 做事修的是"我愿意"，做的事情如果是自己愿意的事，就会心生喜悦。

✿ 有的人会去做一件事情，而又埋怨或者贬低这件事。这样就好像开车，一只脚踩油门，一只脚踩刹车。

♥ 一切都是换来的

✿ 做一件事容易，坚持做一件事就不容易。人要对自己有个说法——就是问自己这件事是我要做的吗？如果回答是，就要坚持做下去，不要三心二意；如果不是就不做，不要总是和自己的内心拉

扯。做事做人要笃定、有坚持，该坚持的就要继续。每一个人来到
这个世界上都带着自己的使命，都是在弥补我们过去的缺失，通过
人生经历来发现自己，改变和提升自己。

❀ 人生很简单。放下计较、放下盘算，一切都是换来的。放
下借口，所有给自己的理由都是借口，这些借口都是为了掩盖真实
的自己，或在欺骗他人。可以欺骗全世界，但不要欺骗自己，说上
千百次不如行动一次。有什么样的初衷就会有什么样的结果。面对
错误有人常会说：当时我没有想好，其实是自己当时的初衷和后来
的做法、说法有了差距，人是因为什么在一起，就会因为什么而分
离。

❀ 有人常说：这件事听我的内在声音安排就好，那是推诿、是
在给自己拒绝的借口，内在声音从每个人一出生来到这个世界上就
有了，而且一直没有改变过。有的人会说"内在"，可是往往不了解
规律的时候，自己所说的"内在"、"心"都是过往的种子集合，是
一种过往的感受。只是用不同的经历在让你发现自己和改变提升自
己！

❀ 只有在当下改变，才能迎接新的未来，相同的自己不可能创
造不同的未来。懂得因、缘、果，更要信、愿、行！

♥ 改变内在思想才能改变外在世界

❀ 广袤世界中万象纷扰的事物和各种因缘相续的结果，都是在
物质和能量的相互转化中形成的，人的命运也是如此。人的思想是
精神能量得以彰显的唯一过程，思想的不同表现影响着能量聚合与
离散的流动方向，在同样的环境条件下也就会创造出不同的物质状
态。在这个世界上，我们所体验到的一切，包括企业发展、财富拥有、

人际关系、品牌推广、婚姻家庭、亲子教育等都是人的内在思想导引能量，使能量形成物质的结果。

✿ 人所拥有的一切都是由思想发出的振动波吸引过来的。正所谓"物以类聚，人以群分"，你想要的和不想要的一切都是由你的思想发出的共振波与周围事物形成了共鸣而将其吸引过来的，这就是吸引力法则。

✿ 人的思想在发出波动的同时也通过大脑接受外来的与之相对应的波动。对人生感到悲观的人，就会产生并接收悲观的波动频率；对一切都能欢喜的人，就能发出并接收欢喜的波动频率。因此，人的起心动念在影响这个世界的同时，也决定着每个人的命运。了解了波动的原理和意义，我们也就了解了起心动念对人的影响和作用，同时也就会明白"成全别人就是成就自己，帮助他人就是帮助自己"的道理。

✿ 既然世间所有的一切都在波动，既然人的思想所发出的波动会与其他波动产生共鸣，那么，我们就应该试着去用思想来改变一切，提升自己生命的能量。改变命运在于改变自己思想的振动频率，因为你的思想所产生的频率，吸引着有相同频率的人、事、物，只有改变内在的思想才能改变外在的世界。

✿ 人的存在必须依附于能量的保有和提升。当人的内心感到喜悦时，人的能量就会得到提升，而当人被烦恼、恐惧、失落等情绪困扰时就会消耗能量。品牌商品在使用过程中带来的种种心理慰藉，以及在使用过程中所受到的更多关注和羡慕，就会使人产生美好联想、喜悦和自豪感，进而提升人的内在能量。这就是品牌在人的心智中的作用。

✿ 能量"不生不灭，不垢不净，不增不减"，聚在一起会就形成一种"场"。比如：有的人到了一个地方或见到一个人，不由自主就会产生一种舒服或烦躁的感受，这就是不同能量的相互作用。可见，有形的物质需要无形的思想能量进行演化，不同的演化产生不同的结果，不同的思想会形成不同的人生，会为人带来不同的外在有形物质。我们总是在努力追求外在的有形物质，其实更重要的是提升内在的思想能量。

✿ 一切烦恼和痛苦的根源都来自于在人心智结构中所存储的恐惧、害怕、失落等情绪，这些情绪导致精神能量下降，可是必须有足够的精神能量来维持和支撑生命的完整。人越是害怕失去就越要抓住，可越是想抓住就越会紧张，越紧张能量就会受到阻碍不能正常流动。而能量一旦受到限制，由于等同的能量创造等同的有形物质，就会造成缺乏和贫瘠。越是少就越想得到，这样就形成了一个恶性的循环，所以只有放得下，才能得得到。

✿ 当你真正拥有一颗感恩之心时，就能得到内心所期盼的、所追求的，就会获得心与境的平衡与和谐，这一切就是圆满，就是幸福。少一份情绪就能多一份平静，多一份平静就能少一些仇恨，少一份仇恨就能多一份宽容，多一份宽容就能多一份和谐，多一份和谐就是多一份幸福。放得下，世界就是你的！

✿ 你所爱上的是你自己，你所恨的不能接受的也是你自己。人的复杂就在于狭隘，只看到自己的方面，不能也不愿意从更多的方面来看待世界。

♥ 情绪是对精神能量的最大消耗

✿ 人一旦计较就不能合一，是因为内心有很大的恐惧从而不能接受自己。

✿ 在每个人的成长、受教育与社会化的进程中，都会存在因需要得到尊重、支持和关爱时却没有得到，从而产生怨恨和恐惧情绪；存在因受到意外伤害而导致的害怕和担忧情绪；存在因做了错误的选择或事情而形成的内疚和自责情绪；还有对亲人离世而引发的悔恨和失落情绪，等等。这些情绪在心灵中形成了心智障碍，影响和作用于我们的思想——而思想又决定了我们的生活与命运。

❀ 情绪是对精神能量最大的消耗，当我们用生命中的精神能量来压抑、控制这些情绪时，那些可以用于达成目标和创造物质享有的力量就会被大大削弱。这些情绪如得不到有效的释放、清除和化解，人就会形成与之相对应的行为动机和生活模式，随着时间的积累甚至过早地失去原本短暂的生命，并将这种思维模式复制给自己的下一代，还会造成对社会及他人的危害。

❀ 人的改变与提升，一方面要提升境界，另一方面要改变在潜意识中存储的细胞记忆。当你要想得到的时候，先想一下要怎么付出。有舍才会有得。很多人的犹豫都是在计较得失，很想得到可是不愿意付出，计较是贫穷的开始。

❀ 人若要放下，要身心合一，一方面是提升自己的思想境界，成全别人才能成就自己，一切都是换来的。这个世界上很多东西都是买不到换"德"来的。另一方面通过自己的意识努力来改变潜意识所存储的对影响美好生活的"种子"。

❀ 生命的简单、生命的精彩与无奈，一切都会在"德"中体现，从中有所感悟与觉悟。只是时间对于每一个人来说不多了，珍惜今天的时光和一生为人的机缘。

♥ 狭隘让人生复杂

❀ 任何事物都有着内因和外因，内因是根本，外因是条件，内因与外因同时存在才会产生结果。

✿ 一个人的改变与提升，不在于多高深的心灵改造技术或者是大师点化而在于一个人的思想境界。过往的经历虽然日积月累，但是只要一点努力就能烟消云散。人简单到极致，只是有些人不能放下、臣服、链接、行动。

✿ 人的计较、放不下、狭隘、不接受，其实都是对自己的欺骗。你是有良知的，所以才能成为人，但是你在欺骗自己的良知，生活也就会有很多的痛、很多的烦、很多的不能接受，又常常给自己找许多做不好、做不到的理由。

✿ 这个世界没有借口只有掩饰，很多人遇到事情没有做好，只会说这个对不起、那个做不到、这个是别人的原因……其实都是在用借口来掩饰，这些无谓的掩饰都是不能接受自己而在欺骗自己，都是缺乏对于这个经历的感恩。对父母、对社会、对家人、对你的组织，多一点感恩就好。

✿ 人生是简单的，复杂的是自己的狭隘，是自己对于自己的虚伪和欺骗。所以，人的改变和提升不是技术而是境界，这也是心智财富学苑的教育体系一直以提升人的思想境界让人懂得事物规律，并践行提升能量的方法，所带给人类的价值与贡献。

♥ 臣服才能有效链接

✿ 心智财富学苑的教育体系致力于探索和研究如何通过提升人的心智能量和思想境界来改变生活状态、使生命更有价值的理论与方法。它的出现与存在并不是偶然而是时代的需要，是与人们追求更高精神层次的契合。

它不仅是一个课程，更是一种精神，一种信仰，是一批追求提高生命品质、创造人类和谐与进步人士所共有的使命。

✿ 人的一切结果都是思想的呈现，有什么样的结果就一定会有什么样的思想，生活只是一面镜子，看到的都是自己，行动和结果才是最好的证明，佛学讲，信，愿，行，知道、做到是通过行动。

✿ 一个人的面子不是别人给的，是自己做到的。

✿ 只有放下，臣服才能有效链接，这个链接也许是自己最好的提升，也可能是自己一定程度的失去。

✿ 让人走进课堂不是靠介绍而是要靠其发自内心与这个教育体系的链接，一个人不能臣服就无法与这个体系链接，也就无法将其背后的精神能量传递给需要的人，这是规律。

♥ 用爱点亮希望之灯

✿ 10月19日、20日，由心智财富学苑捐助改建的位于广东信宜的两所心智财富小学举办了挂牌仪式，这也是心智财富学苑所倡导的"中国太阳公益活动"的一部分。

✿ 善为天之则，宇宙所以周行不殆，万物所以滋蕃不息，圣贤所以递出不绝，文明所以薪火不断，皆因为有善充沛于天地之间，所以历史得以延续久远。心智财富学苑的教育体系不仅在于倡导"让更多人帮助更多人"的教育宗旨，更是要将这一理念践行于生活实践当中。

✿ 人与人、人与自然、人与社会之间存在着相互依存和互为因缘的关系，也正是这种相互依存和互为因果的关系才创造了社会群体的和谐与自然的平衡关系，个体的一切都离不开组织的整体环境。既然我们都是社会系统中的一员，就应该负起责任和义务，对社会做出自己的努力和贡献！

❀《国语·晋语》中有云："善，德之建也。"故欲树立清明和谐仁爱之社会道德、秩序，必先在社会上弘扬善德、善心、善行，发扬慈善事业，使更多的人"老者安之，朋友信之，少者怀之"，让全社会"出入为友，守望相助，疾病相扶持，则百姓亲睦"。

❀"人不独亲其亲，不独子其子。使老有所终，壮有所用，幼有所长，鳏寡孤独废疾者，皆有所养"，希望在社会中的每一个人，都能够为他人贡献出自己的爱心，当我们用爱心点亮另一盏心灵之灯时，会有更多人懂得感恩，学会奉献，在享受关爱的同时体会心灵的升华，这也是"中国太阳公益活动"的宗旨所在。

♥ 能量来自情绪、境界、家族、基因

人的一切都是智慧的呈现，智慧体现于思想和能量，思想来自意识和潜意识，能量来自于情绪、境界、家族、基因。

❀ 境界：一种境界、一种人生。面对同样的环境、事物，不同境界中的人就会有不同的理解和选择，就会形成不同的人生结果。

❀ 情绪：情绪既是对生命能量的最大消耗，也是产生思想混乱、身体疾病、人与人之间的纷争、家庭矛盾以及社会问题的根源。人在成长、受教育、社会化的进程中产生的恐惧、失落、怨恨、内疚、害怕、自责、愤怒等情绪，如果得不到有效的释放、清除和化解，就会产生细胞记忆，从而形成潜意识的"程序"。当现实生活中再次出现类似的感觉时，人的思维系统就会将更早以前出现的情绪从记忆中调取出来，并依据上一次的结果引导思想做出判断，然后通过语言和行动表现出来，同时创造出一个人的生活与命运。

❀ 家族：在我们每一个人的身上，都带有家族传承的能量密码。我们每一个人都与自己的家族成员有着密不可分的联系，都与自己

的祖先有着紧密的链接关系。我们通过家族的连接来传承家族能量，并经历和体验着这种家族能量带给我们的影响。

这种家族的能量往往会体现为现实生活中的幸运与坎坷，或使人趋向痛苦，或常常使人心想事成、成就非凡……只要是家族成员过往所做的事情——哪怕是发生在很多代以前的事情，即使不为现代人所知——都会对后人产生严重的影响和作用。

✿ 基因：人的生命是一个连续的过程，存储着过往经历的所有"细胞记忆"。这些记忆有的表现为禀赋和天性，更多的则形成了人的心灵障碍，影响着人的思想，使人执着或无力自拔——就像是动力强劲的汽车遇到前行障碍一样，虽然目标清晰却总是无法突破。

我们无法重组或者选择基因，但我们可以通过找回附着在基因上的"细胞记忆"，清除心智障碍，提升能量和境界，寻回属于我们每一个人自己独有的幸福生活。

♥ 每个人都是足够的

✿ 曾经的过往经历，无不是恩典与成本的交织；那些在心里的拉扯，无不是对过往经历所形成的恐惧、担心、失落等情绪。生活既无奈也精彩。

✿ 你所听到的、看到的都是你自己，你与外在的互动都是自己，世间的一切都是为你而呈现，因此所有事情还原到自己才会真正地开心喜悦。让自己合一，就会更平静、更淡定。

✿ 人很简单，人很复杂。简单是因为懂得规律，复杂是因为不能放下己见。

✿ 懂得规律更要懂得如何建立链接、与什么链接、如何切断不正确的链接。懂得规律大家会生活得更好！

❀ 人的一切问题都来自于思想和能量的结合与互动。在这种互动中，有些人被眼前的利益所驱使，所作所为虽然都是自己的真实体现，但是没有看到事物的本质。

❀ 每个人的背后都承载着与自己能够有效链接的家族能量，每个人都在为自己的家族而努力，并与另一个族群进行互动。不要去强占或者掠夺他人的能量，这样就不会被他人所伤害。侵占别人的能量，与你对抗的不是一个人而是一个族群。

❀ 一个人在社会中要清楚自己的位置，要懂得并且尊重自己与他人的序位关系。

❀ 因为洞见所以慈悲，所有的尊重与不尊重都会回到自己身上。

❀ 每个人都是足够的，所有你希望和想要的都可以通过自己的思想和努力创造出来

♥ 能量在与他人的交互中增长

❀ 帮助人最重要的是要有慈悲心与智慧，也更要提升自己的能量。只有提升自己才能更好地照亮别人。

❀ 每个人的能量不在自己身上，而是在与他人交互中得到。也就是说，帮助别人就是在提升自己的能量。

❀ 当不能很好地解读对方潜意识真实所在的时候，要用更大的决心和智慧。

❀ 人最大智慧就是放下，没有任何功利地做应该做的事。

❀ 人是没有秘密的，潜意识会在人的无意中展现人的生命状态。人没有任何的秘密，有的只是狭隘。

❤ 谋求关注代表着自我价值的缺少

❀ 帮助人需要有智慧和慈悲心，一方面你要知道帮助别人就是在成就自己，你的能量不是在你身上而是在其他人身上，你只有通过交换才能得到；另一方面你要知道对方是需要"帮助"，还是需要"关注"。

❀ "关注"是一种心理需要，是自我价值的缺少。这样的人喜欢通过关注和制造事情来获得别人给予的能量。因为他在这个模式里得到关注，他就会不断重复，享受这样的模式，就没有机会成长了。

❀ 感恩产生链接，行动创造结果，结果改变能量，能量创造美好幸福生活！这就是规律。一切都是规律，一切都是平衡！

❤ 真正的随缘是自在智慧的体现

❀ 随缘自在，自在随缘。一是要随大道（自然）的缘、随环境的缘，不妄为，不怨天、不尤人。二是要随自己能力的缘、随自身条件的缘，不偏执、不自扰、不妄想。真正的随缘是达观积极而又务实的态度，更是自在智慧的体现。上合于天，下顺于地，与大道同频，与自然同息。

"随缘"不是开脱，不是说辞，那样的"随缘"只是随便。做不成或不想做、不愿做就说随缘就好，那样的随便是不负责任，也是因为有这种随便的思想才会有这样的结果。

❀ 人类的每一个进步都是因为努力而来，大家看到的是幸运、福德，其实是付出、接受、臣服、行动、改变，一切都是交换的。勿以善小而不为，勿以恶小而为之。

❀ 有的人上课时很棒，回到家里还是原来那样。这是因为人在课堂得到这个场中的能量，但这个能量不是自己本有的。好比人生病住到医院，医生治好了病，但是不能保证以后就没有事情，如果不按照医生的建议去做，过一段时间还是会得病。人明白道理后，只有通过行动和提升境界，能量才会提升。

♥ 宇宙的一切来自物质与思想的共振

✿ 一切事物都是相对而生而灭的，人大多看到的是表象而不是本质。我们所经历的一切都是平衡的过程，很多时候当大家都知道有某种事情要发生时，就会改变原有的轨迹和力量，这就是人的思想所起到的作用。

✿ 我们生活的空间是多维的，但是我们很多人的思维是一维（一个点）或者两维（一个面），而不是立体的，人的思维只有突破才能对这个世界有真正的了解与认知。

✿ 每个人都有属于自己的能量，也能感受和接收到对方的能量。如果你的心很静，能量大于对方，就能感觉到对方能量的状况。

✿ 共振是宇宙中普遍存在的一种现象。不但物质与物质之间可以发生共振，人与人之间也会发生共振的——这就是我们可以让团队产生共振的前提所在。

宇宙中所有的一切都来自于物质和思想的共振，任何事物（包括你的思想、半导体、手机等）都是振动源。而同频共振就是相同频率的事物相遇时会形成更强的振动形式，不同的振动源通过寻求相同频率就会使人们成为一体，继而发挥出大于个体之和的能量与功效。

"共振"技术是一个很有效的方法，在个案处理中可以达到时间短见效快的效果，特别是对于那些难以进入潜意识的人或者不在现场的人。但是运用这个技术要满足几个条件：一是决心帮助人，二是自己的心比对方更静，三是自己的能量大过对方。

♥ 链接、臣服才能改变、提升

✿ 一切都是相应，是平衡，都是人用自己的愿意换来的，惜缘是福。

✿ 事情所显现的都是一种链接关系，只有接受、臣服才能得到有效的链接。发现、接受、臣服，才能觉悟、提升、改变，这是规律也是让人有所不同的方法。

✿ 有些人一方面很想要解决自己在生活中遇到的问题，另一方面又不能接受对方给予的建议，再一方面不愿意行动，所以这些人也只好在自己的狭隘中轮回。一切问题都是思想与能量的交互，看似很简单，可是当一个人不能接受与臣服时就无法得到解决。

✿ "让更多人帮助更多人"是帮助那些有意愿改变、并愿意践行的人，可以帮助值得帮助的人。

♥ 共振

✿ 共振是物理学中的一个重要概念，指两个振动频率相同或相近的物体，当其中一个发生振动时，就会引起另一个物体振动的现象。而当一个物体振动的频率是另一个物体振动频率的倍数时，另一个物体的振幅就会呈现急剧加大的现象。

✿ 现代科学研究发现，共振是宇宙中普遍存在的一种现象，从宇宙的诞生、植物的光合作用、自然的灾害到诸如雷达、收音机等无线电技术的使用，再到骇人听闻的核反应、传说中的时空隧道，甚至人的思维活动等都是共振的结果。

✿ 事实上，我们很难在经典物理学或量子物理学中找到一个能够完全脱离共振原理的重要问题。例如，核爆炸是一种剧烈的核反应，而其原理就是用中子以一定的频率撞击铀原子核，在原子核的内部引发共振，进而激发出巨大的破坏性能量。

✿ 将"共振"这一物理现象与量子力学结合，所总结出来的可以改善人潜意识的技术方法也是对生命进行很高的解读，并可以改变生活中的很多事情。而这样做的前提是学会臣服以便能够与更高精神进行链接。

♥ 未化解的情绪会成为心智障碍

✿ 在每个人的生活中，都会因情绪而形成"种子"，并随着时间发芽开花结果。人的记忆是无法用时间磨灭的，特别是那些在过往经历中所承受的心灵创伤，更是不能用时间来医治的。这些创伤会形成情绪存在于我们的潜意识中。

只要情绪没有得到有效的释放、清除和化解，它就可以在我们的潜意识中存储很久，而且时间越长对人的生活与命运的危害就越深重，存储在生命中的那些情绪对自己、对家庭、对社会都会产生影响或造成伤害。

✿ 我们常提到的"放下"只是在意识层面不再去想或是一种人生的境界，将那些给予自己曲折经历或不好影响的事情，用理智压抑住。然而，就好像计算机要提高速度，就既要清除病毒又要扩大内存，才能有机会恢复正常，甚至提高运行速度，人的心灵也是如此。

✿ 放下，才能减少情绪对自己行为的控制和作用，才能在这一情绪中看到自己的生命状态，觉悟到自己在哪方面需要提升，在这一生中还有哪些要完成的"功课"，才能够自在。

✿ 自在不是与世无争，也不是在深山中潜居，而是不再为情绪所困，智慧地看待世间的一切。自在就是要能够放得下，也只有放得下情绪对人的困扰，放得下自己的执念和执着，才能在这个经历中得到成长，有成长才能获得真正的自在。

✿ 情绪最容易被人忽略，却又对人影响重大。在每个人的经历中，情绪的产生都会汇聚成记忆的海洋。如果一些情绪没有得到有效的清除、化解、释放，就会形成心智障碍，随时翻腾起来使心灵蒙尘、使智慧蒙羞，直接影响人的财富、事业、健康、婚姻和亲子教育等各个方面。

✿ 对于情绪，如果选择压抑、控制，将会大量地消耗人的精神能量；如果选择顺从、屈服，那么随着时间流逝，人将成为情绪的俘虏，日渐背离天赋的自由和自我，将被重塑自我角色、自我人格，最终失去生活真谛和自我价值。

❤ 疾病是心灵创化的现象

人的成长必须拥有序位、自由、价值、能量。自由是一种借教育的帮助，而使潜在的导引力量得以发展的结果。如果身体上受到束缚，身体上的畏缩和紧张就会导致心理上的畏缩。只有身体可以被自由支配，人才会展现出鲜活的生命力，肢体才是柔软的、开放和接纳的。在身体上有尊严，脊椎才能挺直，继而在心理上才有尊严，最后在人格上有尊严。

人的肉体问题都根源于心灵——心灵先有问题，肉体只是呈现心灵状态的一种表象。为什么呢？因为当人的心灵产生问题或者遭受创伤没有办法解脱的时候，就会透过身体来表达。

同样的，人的很多疾病都来自于心灵的问题，是心灵所创化的一个现象。而且疾病发生的部位，会跟心灵的世界相关联。譬如有的人常常头痛（不是外界的伤害），代表有一些想不开的事情困扰着他，有很多工作压力，或是有很多需要处理的事件。所以，当我们用控制肉体的药来"治疗"时，药物发生作用，可能会使头痛减缓或消失。但这只是暂时的，药物的作用过去后，痛的感觉还是存在。很多肉体的疾病其实是心灵创化的一种现象，当人产生某种观念或想法时，肉体就会表达出一些征兆。

皮肤的问题是由于对外界事情过于敏感，遇到这方面问题时，我们可以反思自己是否有面子上过于敏感的问题及情绪。

♥ 家族系统具有巨大的无形能量

每个人的生活与命运都与自己的家族有着密切的关联，这也是一个人能量的体现。生活中的问题看似复杂，其实都是与家族成员之间的能量链接关系。也就是说，在每一个家族中都有一股带有自己家族系统密码的无形能量，它对家族中所有成员都产生影响和作用。当家族中某一位成员受到不公平的待遇时，家族的其他成员会主动地为其寻求平衡。

在我们每个人包括我们的孩子的背后，都有着一股强大的力量。如果是支持、推动的力量，可以帮助我们和我们的孩子去顺利完成自己的目标或实现自己的理想；如果是拉力则在孩子的生命中呈现更多的挫折，甚至使一些看似可以达成的事情不能达成……这就是家族能量——它看似无形，却远远要比人在意识上的百般努力强大得多，影响并左右着我们每一个人的生活。

　　家族系统中的序位能超越死亡，确保每位成员无论发生任何事都有归属于系统的权利。家族系统对于亡故或是存活的成员一视同仁，常常会追溯到三代之前，甚至更久远。当家族系统"遗失"了某位成员时，系统就会产生一股令每个人都无法抗衡的力量，推动各种事物以重现原本存在的完整性。

　　作为父母，为了后代的成长与发展，我们必须懂得在这个家族系统中所要遵守的基本法则——每位成员都有同等被需要、被尊重的权利，这也是家族系统中的基本秩序，只有遵从这种秩序才能使家族能量达到平衡，才能更好地创造一个幸福美满的人生。

　　孩子的到来是在平衡我们由思想所创造的生活，我们要做的就是从孩子——包括走掉的孩子的关系中，解析生命背后隐形的规律。

❤ 在经历中觉悟才能增长智慧

　　❀ 我们生活在一个美妙而又精彩的世界里，同样为人一生，不同人的命运却迥然不同。在每个人的心智中都隐藏着一个巨大的秘密，我们需要做的，就是揭示、了解、掌握这个控制和影响着人类生活与命运的秘密。

　　❀ "栽什么树，结什么果"。这一自然界的规律也同样适用于人的头脑。如同不经意中创造出的积极条件助人成功一样，在有意无意地想象各种匮乏、局限和混乱的同时，思想也可以同样轻而易举地创造出消极的条件来把人推进失败的深渊。

　　❀ 增长智慧要通过自己的经历，所谓"吃一堑长一智"，只有经历过并在这个经历中有所觉悟，才能增长智慧。

　　❀ 幸福来自于经历，而且这种经历必须满足一个条件——这个条件不是建立在自己需要或者他人喜悦的基础上，而是建立在彼此都需要和喜悦的基础上。除了这个双方都喜悦的基础，其他都是一方付出、一方受益。如果能够找到这个条件，那才是真正的幸福，也会因此而发自内心地感恩。

♥ 心智是"真我"的显现

"有的人活着，他已经死了；有的死了，他还活着！"

人的活与死不在于肉身，而在于心灵。人都有心灵，但是心灵却由功能和性质完全不同的两个部分组合而成。在不同人的描述中，它们有不同的名字，比如"意识"和"潜意识"、"醒意识"和"睡意识"、"主观意识"和"客观意识"等等，不一而足。以上这些说法，不管源自何处，都表明了人们对心灵二元性的认识。

所谓"相"，即是我们平日生活中所见识到的诸事物之表相。"相由心生"，指事物之相状，表于外而相像于心者。《大乘义章》曰："诸法体状，谓之为相。"所谓相由心生，即是阐述了一种超脱的唯心主义哲学。《金刚经》有云：凡所有相，皆是虚妄。说的是世上景象，不过光影；爱恨情仇，都是妄念。之所以见相，是由于心中有相。

任何物质的示现，都是我们心识所执、所缘的结果。如同量子力学所证实的现象：被观测者，其实都是为了满足观测者本身的意图而呈现的结果。也就是说，你所经历、遭遇和看到的一切只是让你能够有机缘看到自己的状况。

佛曰：相由心生，世间万物皆是化相。

佛曰：人生在世如身处荆棘之中，心不动，人不妄动，不动则不伤；如心动则人妄动，伤其身痛其骨，于是体会到世间诸般痛苦！

当人的思想发生改变的时候，行为也就改变了；当人的行为改变了，人生也就改变了。所有一切的竞争都可以归结为思想的竞争。

人的心灵不会依据年龄、性别、身体状况、家庭条件、学历、国情、肤色、语言等外在的条件来做出选择，或偏向于某一个过程、某一方面，也不会因为职位、贡献而得到厚爱或遭到摒弃。

思想和心灵所组成的心智，是一个人真正"我"的显现。在人的生命中每一次经历如果形成或产生了情绪，就会以感觉的形式存储在人的心灵中。当生命中再次出现类似的境遇时，人的思想就会从心灵中将以往相关的情绪和感觉调出来，就好比打开了计算机的程序，人的行为就会不受自我意识的控制，按照以往所编制好的心灵程序进行运转并产生相应的结果。

人的生与死只是一种短暂的交互，而这种交互现象只是一种我们能够用意识感知或者可以体验的结果，其实我们的心灵都在，而且没有时间与空间。人去世后，家人最重要的不是伤痛欲绝，而是感恩感恩再感恩！最好的方式是大家追忆亲人生前的教导和所做出的让自己感到骄傲的事。

♥ 婚姻实相

婚姻对于每一个人来讲，都是人生旅程中最为亲密的一种关系。大部分人都是怀着对婚姻的憧憬、对幸福的美好追求而步入婚姻殿堂的，谁也不会希望在婚后的生活中闹矛盾，谁也不会希望与自己的爱人感情破裂，更没有谁想着要去离婚……

"执子之手，与子偕老"是对婚姻最美好的诠释，而婚姻的实质就是平淡的相守与真诚对待，只是在这平淡之中有着不同的经历、家族背景、每个人要完成的"功课"和彼此的缘分。很多在结婚前海誓山盟、情深意浓的情侣一旦走进婚姻，就会逐渐在家庭生活的碰撞与摩擦中出现矛盾，经常是"公说公有理，婆说婆有理"，由此婚姻陷入不断的争吵和无谓的争辩之中，失去了婚姻本质的意义和维系的基础，当矛盾爆发到极点时就会导致感情破裂，最终离婚或出现婚外恋。

家是人幸福与疲惫时的归宿，也是心灵休养生息的港湾。人寄望于可以在这里避风休养，在这里积蓄能量。每年春节，不论离家有多远，不管有多重要的事情，人们都不远万里回家去团圆，这就是我们的民族一直都有的对家的眷顾和渴望，这也是一种本能——对家庭有着强烈归属和认同感的民族情结。

我们每一个人都具有获得能量和自由的本能，而人与人之间的交往其实就是能量互动与交换的过程。在这个过程中当人感受到关爱和支持时，就会获得更多的能量；当一方努力地控制另一方时，就会压制和消耗对方的能量。这种控制的本质就是：给了对方一个牢笼的同时也给自己制造了一个牢笼。当把一个人以爱的名义管得死死的时候，实际也是在创造着分离。如果婚姻是为了保证爱情，那我们就无异于否定了爱的真正含义。真正的爱是没有限制、没有条件的，是永恒而无私的！如果我们把婚姻当作一种保证和证明，也就降低了爱的层次。

记得电视剧《中国式离婚》中有这样一段：一个即将出嫁的女儿问她的母亲："婚后应该怎样把握爱情？"她的母亲从地上捧起一捧沙子。沙子在母亲的手里，圆圆满满的，没有一点流失，没有一点洒落。母亲突然用力把双手握紧，沙子立刻从母亲的指缝间泻落下来，等母亲再张开手的时候，手里的沙子已经所剩无几了。

母亲告诉她的女儿：爱情无需刻意去把握，越是想紧紧地抓牢自己的爱情，反而越容易失去自我，失去原则，失去彼此之间本来应该保持的宽容和谅解，爱情也会因此变得毫无美感。每个人都希望自己拥有幸福美满的婚姻和爱情，但是爱是需要能力的，这个能力就是——让你爱的人爱你。

婚姻关系中重要的是"修"而不是"求"。生活中经常能够看到人与人之间的矛盾很大程度上不是在于问题本身，而是不能接受对方的情绪。你的情绪大我比你还大，这样很快就会导致问题升级，由原来一件很小的事情几经激化成为大事，甚至造成家族和种族之间的矛盾。

我们每个人都带着不完整来到这个世界，带着一段以往没有修好的情节，也正是因为这样的不完整，我们每个人才有机缘来此一世，并在这一世中经历。这也是来此一生要做的"功课"。

从一出生就有着父母和我们的碰撞，我们原有的个性会在这一阶段得以充分地展现。所有的父母都在用自己最好的方式来培养和教育自己的孩子，只是方法和形式不同，但那份爱都是无私和真挚的。

如果我们小时候没有足够的时间和耐心来完成这些功课，那么在婚姻中所遇到的人就会让你有再一次精进和成长的机缘，只是看你是否能觉悟认识到对方是在用他的方式来成全于你。

在亲密关系中，夫妻就是在用自己的优点来成全、帮助、弥补对方的缺点，也只有这样才能天长地久，也就是说夫妻都是在通过对方这面镜子来发现和不断完善自己。这才是婚姻的本质，也是一个人要修的过程。夫妻都由此觉悟就是双修，也就是共同经历，共同成长。

♥ 提升能量来自臣服与行动

✿ 人的行为与结果源自思想，而思想的产生源于心智在行为中发生的作用。心智是人内在的行为动机和遗传密码，是产生我们生活中所有境遇的主要根源，也是行为结果的缘起。如果我们理解了心智这一伟大的创造力量，那么一切将皆有可能。

✿ 唯识论认为，生活中所显现的客观世界都是自己内心与外在世界交融作用的结果。大多数人总试图从外在世界寻求解决问题的答案，执著于表相的果，并用掩盖或逃避的方式以获得短暂的释怀。因此，相似的不悦经历就会不断重复。而真正的解脱在于从自我出发，觉悟自省，转识成智，提升境界。只有这样才能改变心智结构，解脱烦恼，达到人与自然和谐的境界，创造一个幸福快乐的人生。

✿ 困难其实叫做"未知"。在困难面前不同的人会有不同的心理反应，有的人内在系统里有一种需要，那就是希望过得轻松和舒服，所以就会推责任、找借口。还有一种人，他们总是有着把事情变得更好的愿望，就算是艰难困苦，他们也愿意去经历。

✿ 祖先留给我们同样的生命"设备"，但是人的命运却千差万别。除了遗传和环境的因素外，还是因为人们会做出各种不同的选择，会培养自己不同的心智模式并传给下一代。要改变命运，必须改变过往所学习到的，并深入到潜意识的认知系统以及行为习惯的规律。

✿ 人生所有的不悦无非来自于肉体上的病痛和精神上的烦恼，这些都是由于心智结构中所存储的负面情绪和思想境界所导致的。追根溯源，这些都是源于人对自然规律的有限认知，不了解事物存在的真相，于是形成了执著、分别、妄想以致产生错误观念和不好的结果。当我们突破传统模式，发现和掌握事物的内在规律，尊重一切深度探究人类存在意义的努力，唤醒心智的潜能时，这一切烦恼、境遇也就会随之消失殆尽了。

✿ 成功的人是有着最高精神领悟的人。这种领悟能够为我们带来富足的一切。这是一种科学的、正确的思维方式。一切的财富都来源于这种超然而又真实的精神力量。当我们拥有了这种精神状态，一切愿望的实现就如已经发生的事实一般。

✿ 感恩是动词，是以行动来诠释自己的真实思想。信念是对某种伟大力量的感知和臣服，也是人类追求更好的自己的初衷和来此一生的目的。

✿ 提升能量通常来自于两个方面：境界和行动！不能超越自己的狭隘很难有好的结果，并且会形成不断的亏！当人拥有感恩之心，才会真正有所行动，而产生不一样的结果。相同的自己不可能创造不同的未来！

♥ 思想不是控制而是臣服

✿ 人类进步是一个不断改变自身对自然认识的过程。从兽皮裹身、茹毛饮血，到卫星上天、人类探索太空，每一步都是相信这件事情是可以做到，然后通过努力最后实现了目标。

✿ 一个人的想法决定着他会成为一个什么样的人。人是自己思想的主人、自我个性的塑造者、自身条件的生产者与造就者，可强可弱，可以创造自己也可以毁灭自己。

✿ 人生一世，既可以体验巅峰的辉煌，充实的喜悦，也可以品尝谷底的颓败，虚度的懊恼；既可以通过提升思想境界，觉察到潜意识里情绪的种子，将它释放、清除、化解，使余生脱离不悦经历创化的怪圈，也可以怨天尤人，让自己继续深陷烦恼与痛苦的往复轮回中。

✿ 一个人生活的好与不好很大程度上取决于自己对于思想的信念，信就是相信，念就是思想。机遇、条件、巧合、成全等都只是果的表象，因的缘起来自于功德、福德、付出、相信。

✿ 当一个思想或感觉产生时，大脑就会开始形成一种思考的能量波，并以这个人为中心自行扩展开来，向外发射，环绕此人的周遭环境。这些能量波拥有唤醒其他人思想里类似频率的特质，同时也会依着思想的吸引力法则进入另一个相同力量的领域。自己的一切都是自我的思想所形成的感觉所吸引而来的。

✿ 无意识的、不知道心灵影响力法则的大脑波和知道心灵影响力法则的比较起来，是完全不一样的。不过，这两者的背后，都有一个强力发射者的驱动。力量虽然一样，但会因为发射者的驱动条件相异，而有关键性的不同。不同的思想会产生不同的结果，不同的结果也就导致了人与人之间不同的生活与命运。

✿ 思想不是控制而是臣服，是一种境界的体现。比如有的人在小时候被父母打过，形成了怨恨，这个情绪也嵌入了潜意识，但是人的良知会超越过往的记忆，不论父母对自己怎样一定要对父母好。

✿ 何为修行？修是知道，行是行动，修行就是懂得道理而行动！行动产生结果，结果让生活有所不同。相同的自己不能创造不同的未来！

♥ 完整享受已经发生的事

✿ 如果无法信任自己，就很难信任别人；如果无法尊重自己，就很难尊重他人；如果不能照亮自己，就不可能照亮别人。生活只是思想的实验场，有什么样的思想就会有什么样的结果。

✿ 经历就是恩典，无论你遇见谁，遇到什么事，都是应该遇到的。这个世界不存在巧合与偶然，一切都是必然。在生活中所有的人、事、物都是唯一会发生的，而且一定要那样发生，才能让我们学到经验以便继续前进。生命中，我们的每一个经历都是绝对完美的，即使它并不符合我们的理解与自尊。

✿ 每个人都有一个属于自己生命成长所需要的路径，让我们有机缘可以再有一次成长和改过的机会。虽然机会看似很多，但由于宇宙没有时间与空间的概念，对于我们每一个人来说，机会就是极少极少的。

✿ 我们与我们的家族成员是连在一起的，每一个行动与思想都在影响和制约着与之相关的人、事、物。所以，提升自己就是在改变与己有关的人、事、物。

✿ 我们常常会讲我以后会怎么样，其实很多事情在当下就已经结束了。当生命中某些事情结束，它会帮助我们进化。因此，我们要完整享受已然发生的事，最好的方式是放下并持续前行！

✿ 这世界不缺乏能量、物质、财富、疾病，你能想到和不能想到的都存在，缺少的是机会。只有尊重自己的生命，才会有机会面对、接受、臣服、改变。

♥ 尊重是用对方能够接受的方式来影响对方

✿ 每个人都有选择自己的权利和结果，都有需要尊重其他生命的义务和责任。

✿ 尊重就是用对方能够接受和理解的方式来影响和告诉对方。每个人过往的经历不同，内在对同一件事情的反应和理解也有所不同。只有接受自己当下的状况，才能更好地接受和尊重对方。

✿ 人生是一个修的过程，也就是一个通过经历改变和提升的过程。道理说起来简单，做起来就需要有很大的悟性和对自己的要求。

✿ 卓越追求不断的成长进步，优秀追求完美，只有超越优秀才能达到卓越。

✿ 如果对他人的期许还在，对他人的要求还在，如果对方没有达到自己想要的结果，就会形成不满和期许。对人的好要用对方可以接受的方式来给予，没有人是完美的也正是因为这样的不完美我们才要经历这一世的洗礼。

♥ 所有的经历都是过往的重逢

✿ 人生的磨难与烦恼，只是因为人执著在一个自己认为的假相中。只有简单、纯净才能创造出精彩的人生！

✿ 只有面对自己、接受自己、臣服自己，才能穿越自己的思想障碍！你是哪种人不重要，选择哪种生活才最重要。

✿ 现在经历的一切，都是过往的重逢，都是过往记忆的缩影。因为我们不完整所以才要通过自己的努力来面对、穿越，让自己在这一生有机缘向完整的自己迈进一步。这一步虽然可能很小还不足以改变我们过往所有的经历，也无法弥补所有的缺失，但是毕竟前进了一步，那是伟大的一步。

✿ 因为那些曾经嵌入生命的记忆，我们必须面对自己。因为不去面对和接受，就只好不断复制过往的经历；更重要的是许多与你有关联的人会因此被你拉得紧紧的。生命的伟大在于必须走出自私与狭隘，只有这样才能让那些嵌入生命的记忆不再影响自己的生活。

✿ 尽管时间可以让我们忘记一些意识层面的东西，但潜藏在我们潜意识中的心灵伤痛却会形成情绪的种子，时刻与我们相伴，随时作用于我们的生活。如果得不到及时的清除，时间越久伤痛越深，对人的伤害越大。

✿ 情绪最容易被人忽略，却对人影响重大。每个人经历的事情，会汇聚成记忆的海洋。其中有些记忆只是信息的留存，它们偶尔在我们的脑海里漾出涟漪，随即消失，它们是平和的、清澈的、无害的；但有些记忆不仅是信息的留存，它们伴随着某种情绪，像无法化解的水垢，沉淀于记忆的水底。当它们不小心被搅动时，会翻腾起来，污染清澈的那部分，干扰人们的视野和判断力。

♥ 让自己尽量完整与纯净

✿ 有所成就或生活幸福的人，并不是因为他最聪明或最有天赋，也并非因为他智力超群或才能卓著，更不是因为他体魄强健或背景显赫，而是在于他面对生活和命运决择时所拥有的人生智慧，也就是对规律的认识、掌握和运用程度。面对同样的事情，不同智慧的表现，就会形成不一样的抉择，不同的抉择自然也就形成了不同的结果，而不同的结果也就造就了人生不同的命运，创造出不同的财富、事业、婚姻、健康和亲子关系等。人生智慧的形成来源于四个方面：境界、情绪、家族、基因。

✿ 生命存在的目的，是通过在经历中发现自己来获得更好的成长机会。人对于这个世界所做的最大贡献，就是让自己尽量完整与纯净。

我们都带着在过往经历过程中所形成的细胞记忆，当现实生活中遇到相同的感觉，那些记忆就会随时影响和干扰我们对于世界的正确了解与认识，也就形成了人的执着。

过往细胞记忆的干扰，使思想所发出的频率不够纯净。这个世界存在着同频共振，同质相吸的规律，人们会吸引与之相适合的人、事、物。看似很多我们不想要的，其实都是自己思想所发出频率所感召和过往经历所需要接受的。因此，"消融"那些与目标不相符或起阻碍作用的心智障碍，我们才可以拥有清明的思想和更加强大的心智能量，从而创造富足的物质生活。

✿ 人的每一个思想，每一个行动，都是在为自己累积福德或消耗能量，与他人无关。任何所思所做的一切，最终都会回到自己的生命中。只有多做利于他人的事才能换来自己的能量提升，并创造出更多的幸福喜悦！

♥ 心想事成

✿ 人可以在其思想中塑造各种事物。

✿ 当一个人能够心无杂念地静下来，达到淡定或者宠辱不惊的状态，才会感受与领略到接受、心无拉扯、喜受、喜舍——它不仅美好，更是生命成长的载体。

✿ 自然界中的一切生命都有自我提升的渴求——这种渴求是推动人类不断完善的基本力量。

✿ 所谓的心想事成，只是一个时间界定，每个人现在的一切都是过往经历中曾经想过的。我们每一个时刻都在"心想"和"事成"的转换中，只是很多时候自己思想的拉扯影响了"事成"的结果。

✿ 人之所以会犯错误，一是因为操之过急、仓促行事；二是因为在恐惧与怀疑的情绪中行事；三是忘却了纯净的初衷——使全体之生命得以完整，不使其蒙受损失。

♥ 臣服是对自己的慈悲与宽恕

✿ 臣服不是境界而是修为，更是一种链接。只有臣服才能与那些需要并可以臣服的人、事、物进行同频，也只有同频才能与之背后的精神规律进行有效的链接。

✿ 臣服不是对别人而是对自己，是自己与自己的链接，是对自己的慈悲和宽恕。如果不能接受自己，就不能身心合一，就无法拥有和感知到更高的智慧。不是要臣服什么事或者什么人，而是要放下自己的执念与执着。

✿ 自己所遇到的都是生命中原有并需要有所发现和提升的，错过将不再来。那些嵌入你生命的记忆不会因你的执着而失去，也不会因你的执念而消失。要了解自己的初衷，更要有改变思想，以及用行动提升自己的决心！

✿ 生命精彩而简单，一切的经历只是让我们懂得和参悟人生道理。

❤ 回到纯净的自己

✿ 人的生存动力有三种形式：追求身体的健康成长、追求心智的智慧成长、追求灵性的觉悟成长，这三种形式同时存在于不同维度并相互作用。

✿ 在每一种追求成长的过程中，都需要与其他形式建立有效的链接并从中获得提升的能量。人要超越的层次来自于情绪、接受自己、爱自己、觉悟、提升境界、提升能量、断开不属于自己的链接，同时链接上可以和需要得到生命成长的链接，回到自己的纯净。

❤ 所有的付出最终都会回到自己身上

✿ 我们在这个世界上所遇到的一切，都是由自己的思想呈现而产生的结果。每一个起心动念都会嵌入心灵，心灵就会依据你所确认的一个想法，为你完成这个事实。你的生活都是有由你的思想而导演，你所遇到的人、事、物都是为呈现你的生命"剧本"而来。

✿ 改写自己的人生"剧本"，要在接受的层面找到当时的心念，然后将它修改或删除。覆盖的方法看似也有效，但如果遇到适当的环境出现，人还是会触景生情。所以，根本的改写方法是找到并清除。唤醒法就是找到嵌入痕迹的一个有效而简单的方法。人的行为是以心灵痕迹来运行的，只有回到原点才是最好的解决方法。

✿ 学习只是一个能量传导的通道，将每个人所需要的频率保有、尽可能不失真地传递回去，并将各自心灵中所嵌入的信息进行对接，引起人的共鸣。然后你发现了自己，有了觉悟，自己治愈了自己，从而达到生活上的改变。

✿ 最好的感恩是将感恩化作行动，去帮助下一个人。地球是圆的，所有付出最终都会回到自己的生命中来，在这一过程中，你也影响着周围所有的人、事、物。思想创造行动，这一切是每个人在这一生中唯一要做的。

✿ 我们是宇宙中的某种同仁，我们的存在是为了获得这个宇宙带给我们的信息，并以此来为大多人解决问题。

✿ 你所拥有的一切，尽管看起来是在外面出现，但实际上它们就在你的内部，在你的想象中，这个变幻的世界仅仅是浮光与掠影。能量会以波或粒子，或同时以两种方式表现出来，观察者的意识决定着能量的流动方向和表现形式。

虽然我们没有办法创造宇宙，但是，我们可以发现和与运用这种力量来改善与提升我们的现状。这种力量就是扬善、利他的精神，这既是宇宙法则也是人类的集体意识。

♥ 能量与无奈

✿ 情绪即是痛苦。直接或间接的情绪来自于过往经历的细胞记忆，并形成自我的"执着"。情绪会导致人的身体和心理的反映，决定和影响着思想的形成，从而导致了人的行为和结果，产生了不同的生活与命运。

✿ 许多人在婚姻、事业、人际关系、财富、健康等方面百般努力，却得不到想要的成果。问题的根源在于——人生活在一个由自己过去经历所创化的生命程序中，由自己人生经历所产生的情绪会被编码到生命程序中并进行储存和自动运行。

✿ 因智慧才会升起慈悲心，因慈悲才会拥有智慧。我们的个案和活动就是让人可以洞见，并在洞见后能够懂得慈悲。慈悲不是为了别人，所有的付出最终都会回到自己的生活中，慈悲是自己的福德，跟别人无关。

✿ 洞见生命现象之后为何"无奈"？这个"无奈"就是说，改变自己生命的道路上没有捷径可走。因为我们的生命是个延续的过程，一个人的今生往往都是过去的复制或者是轮回，绝大多数人都无法超越这个现象。过往的经历如果不能用自己的智慧和慈悲来换得未来的成长，那么未来是很难改变的。

✿ 有智慧但如果不具备改变这个关系的能量也很难改变未来。能量来自交换，利他的交换才能得到或者提升能量——你可以用提高他人的生命成长来换，可以用你的信念来换，也可以用你的经历和健康来换。每个人的能量不是在自己身上而是在别人的身上，这个"无奈"是很难超越的。

♥ 改变心智结构能够提高生命品质

✿ 人的心智结构能够留存过往不愉快的信息，当积累达到一定程度时，就会转化为今天或以后的疾病。有些信息还会通过遗传，留在生命程序里面延续下来。

✿ 心智结构是可以改变的。只要回到当时发生经历并产生"印记"的时间，就可以通过科学有效的唤醒方法进行改变，就像计算机程序回到原程序进行修复一样。人的命运就是心智结构和思想的反映，因此，改变心智结构就能够有效提高生命品质，从而达到值得拥有的生命境界。

✿ 思想的形成受制于人的心智结构。思想和心灵所组成的心智，是一个人真正"我"的显现。东方的哲学思想在于一个"修炼"。修的前提是：首先要了解"我"的部分是如何形成与运作的。在"我"的里面最为重要的是：人的情绪。

✿ 人之初都是纯净的，是贪欲将纯净变成了浑浊；也是由于浑浊才使人的频率不再像以前那样，发出的能量也因此降低。所以我们要修的就是让自己更加纯净，更有能量才能还原自己的本性。

✿ 今生的一切相遇都是过往的重逢。每一个人来到世界上都是在重复着以前的经历，同时，也在用生活中所有发生的一切来唤醒曾经的经历，并以此来"还债"，这是我们要回到"原本的家园"所要付出的代价。懂得并接受这个道理，就是人生的最高境界。

✿ 梦是对人以往经历和当下所思给予的回馈。梦是潜意识，从入睡到进入完全潜意识的过程中都在进行，只有快要醒来时才有意识的记忆。所以梦会显得无序和不完整。其实，梦都是潜意识给予自己的生活答案。

♥ 人生没有对错只有经历

✿ 每个人都活在自己心识所创化呈现的世界里，外在的世界只是一面镜子，反应和呈现的是自己的心灵和思想。佛学中的唯识学主要探讨人的心灵是如何产生和形成的，也称为心智结构。人所有的经历，都会在心灵中留下记忆，当再次看到时，就会将既往经历所形成的感觉调用出来，时机成熟时，就会产生本能反应和行为。这好比计算机的编码程序，当条件满足时它就会自动运行。

✿ 一个人如果在土地里种下了那些特定的种子，只要合适的机缘，种子会按照播种者的想法茁壮成长——这就是种子的力量。

✿ 人生没有错误与成就，只有经历，在经历中能够发现自己，并有能量来还原自己。

✿ 佛教认为，宇宙万物都是心识所执的假象：对任何一个物质，当你不断切割细分之后，你会发现其实是"空无"。佛教所说的"无常"，就是没有永远存在的物质体，而这些能量佛陀分成五组特定的组合，称作"五蕴"。

《般若心经》有一句"照见五蕴皆空"，意指从没有实体存在过，所以这五种组合会同时产生与灭亡。生、灭，形成了灵魂或者自我，也是这些生物体的存在基础。所谓"五蕴"就是色、受、想、行、识，色就是物质，受就是感觉，想就是判别，行就是思维活动，识就是意识，共五种。心灵、灵魂、本我、潜意识在此本无差别，而佛陀所说的这些观点正是日后"唯识学"所论述的基础原理。

♥ 潜意识的特点

从这些年处理的个案中，清楚地看到人的潜意识具有如下特点：

✿ 保护性：通过眼、耳、鼻、舌、身等感觉器官传入大脑的信息，会迅速在心灵中搜寻以往经历中所发生过的类似事情，同时引导身体做出反应与行动，并向思想示现隐喻、暗示，对身体起到保护作用。

✿ 程序性：潜意识不受任何外在事物的影响和干扰，始终如一地依据思想来做出反应，就像计算机程序一样，只要条件满足，就会将记忆中已有的部分调用出来自动运行。

✿ 客观性：相对于意识，潜意识具有一定的客观性，在某种程度上它是全人类固有的一种本能的体现，它不受主观意识的控制。

✿ 定向性：潜意识会依据思想的指引对身体做出反应。

✿ 时空性：在潜意识中所存储的信息或者可以称为生命程式，有着穿越时间和空间的表现性质。

✿ 可变性：通过当下的情绪找到更早以前引起情绪产生的原因，运用科学有效的唤醒方法，就可以找到初因，并进行修改。

✿ 潜意识是人情感的发源地：如果你想的都是好事情，好事就会来找你；如果你想的是坏事，坏的事情就来找你的麻烦。一旦潜意识接受和认同了一个想法，它就开始执行。

✿ 潜意识可以帮助我们实现更多的愿望：潜意识的力量比意识大很多倍，所以要激发潜能，运用潜意识。潜意识需要有人来驾驭它，而这个人就是你自己。

❤ 人的最高需求是自我超越

✿ 人的言行举止，只有少部分由意识控制，其他大部分都是由潜意识所主宰并主动地运作。潜意识是潜藏在我们一般意识下的一股神秘力量，是相对于"意识"的一种本能。潜意识记忆留存着人在生命过程中一切的经历、情绪和结果，它既受控于思想，同时又在影响、控制着人的思想观念和行为模式。

✿ 人的心灵来自于两个方面：一方面来自更早的经历，诸如莫扎特类的天才，他们的能力、技术很多都属天赋而非此生所学而得，也不是同龄或同环境的人所能达到的，这也就是人们常说的天性表现。另一方面来自这一生经历中，别人或者由于自己思想使然而编制的心灵程序。在佛教中表现为本性和自性，心理学称之为意识和潜意识，有表示思想的"智"就有表示存在的"慧"。东方智慧则将心与灵的相融称为心智。

✿ 情绪是思想的能量，心是心智的发电机。良心、善心、黑心、毒心等关于心的形容，是为区分心智发出的能量是积极还是消极的而进行的描述。情绪和思想是人与大多数动物的主要区别，这样用代表情感的"心"和代表思维的"智"来概括人的高级意识，显得比较全面，但仍然不足以表达人心智的神秘、隽永和力量，所以又发展出心灵或灵魂这些词汇。

✿ 人本心理学家马斯洛晚年认为人的最高需求不是自我实现，而是精神的超越。如果人不能实现精神超越，那么自我实现又有什么意义呢？因为人的生命是有限的，没有精神的追求作为自我实现的升华，自我实现则随着生命的终结而失去价值。

❤ 我们是自己人生经历的创造者

✿ 物质和能量是宇宙的基本要素，物质和能量的关系，是物质世界的基本关系。爱因斯坦的著名公式：$E=mc^2$，就准确地指出：质量与能量是互为比例的，一方增加时另一方也增加，一方减少时另一方也减少。这个公式是人类有史以来在物质世界统一性方面最为重大的贡献，它阐述了自然界中物质具有的能量是物质本身固有的一个特征，解释了为什么物体的质量会随着物体运动速度的变化而变化，让人能够一目了然地看到物质世界中物质运动的基本关系和规律。爱因斯坦用这个公式告诉我们能量不是独立于物质之外，而是存在于物质之中、与物质的质量相关的。能量是物质本身所具有的，只要存在物质就同时存在能量。从广义上讲，物质与能量的关系（$E=mc^2$）推动了整个宇宙的运行，其表现为物质持续转化成能量，能量再转化成物质。

✿ 物质世界最基本的特点就是必须要给物质提供能量，才能改变物质的运动状态。而正是物质运动状态的不同才使物质显现出各具特色的形态。

✿ 心念可以改变能量的聚合。一切都是自己的选择，都会回到自己的生命中，与别人没有关系。心灵会不断创造更大的经历让人觉悟和改变，这是生命带给人的奇迹和光彩！我们来此一生，不是为了享有物质的快感，而是为了追求精神上的解脱，这是人的使命。如果不能改变，人就会不断地陷入痛苦的循环之中。

✿ 所谓的"好事"和"坏事"只是出于自己感受的界定，将对自己有利的、自己喜欢的界定为好，反之就是坏，这是人的狭隘。如果不能超越一次元，善恶好坏就无法觉悟。

✿ 无论你知道还是不知道，你无时无刻不在创造——创造自己的人生经历。我们是自己人生经历的创造者。

♥ 精神能量让人有能力为自己创造

✿ 每个人的心智中都隐藏着一个巨大的秘密，由我们过往的经历和对生活的体验所形成，并以"种子"的形式来呈现。我们需要做的就是，揭示、了解、掌握这个控制和影响着生活与工作的秘密。

✿ 规律不是显现的，而是隐藏于种种表象和假象之下，精神能量极富创造力，它使你有能力为自己创造，而不是从别人的身上索取。人的精神能量来自于境界、情绪、家族、基因四个方面的影响和作用。

❀ 拥有更高的精神能量意味着你能够感悟自然基本法则的更高层面，与伟大的自然更好地融为一体，意味着你拥有取之不尽的源泉，而对外在的索取会使我们变得更加无力。

♥ 人要享有值得拥有的一切

❀ 一个人无论做什么事情都会有一种内在驱动力，有一个内在的声音告诉自己做这件事情的理由和愿望——这就是人的信念，也是我们来到这个世界上要追求的和不能不寻找的人生答案。

❀ 佛学认为精神属"性"，物质属"相"。相有形形色色，千差万别，但各有其属性。性遍及一切，永恒不灭。性是内在的因，相是外在的缘，两者互相联系，不能孤立存在。

❀ 人是世界上最为精密的仪器。通常我们在使用一件新仪器前，都习惯先研究使用说明书，再按指示使用，才能将这件物品的功能用到最大化。可遗憾的是，人是一种最精密无比的仪器，却很少有人去用心探讨我们自身的使用价值和方法，并且按照人类寿命的效用特点来有效地使用，从而使之价值最大化。

❀ 人一生真正的追求，在于享有身体的安适和心灵的喜悦，在于享有值得拥有的一切。不论是追求的目标还是衡量目标的标准，都在于你是否能够从想要得到的或已经拥有的人、事、物中感到喜悦和值得。

❀ 真正的学习是唤醒你以前曾经会的知识。有的人数学很好，有的人物理很棒，这其实有些是所谓的天性，就是人的过往记忆。

❀ 学是知识的累积，是在意识层面；修是在经历中发现，并有能量和智慧的改变，是在潜意识层面。人不仅要学更要修，也就是从经历中发现自己、还原自己、超越自己。

✿ 人生在世要修的一是慈悲，二是智慧，这也是佛教所讲的生命态度。

✿ 链接不在于行，而在于真正的发心。从个案中可以看到，如果心真正接受与臣服，就会很快进入角色，圆满完成个案；一个人若要有判断或者不能接受就很难进入角色。这就是心灵链接的过程。

❤ 调整振动可以改变能量关系

✿ 每个人都有着提升内在能量的渴望与追求，所以对于拥有良好感受的商品，人们总是愿意付出更多的代价去换取，也对其有着更高的忠诚度。比如：佩戴手表原本是为了知道时间，但"名牌"手表会让人感觉和体验到更多的时尚、尊严、品位等人本有的内在需求，就会让很多人趋之若鹜。同样，名牌轿车除了舒适、安全、速度之外，更多的是一种内在愉悦的感受；处在五星级饭店的感受和处在农贸市场的感受也截然不同，这些感受都是能量的体现。当人的内心感到喜悦时，人的能量就会得到提升，而当人被烦恼、恐惧、失落等情绪困扰时就会消耗能量。好的品牌商品在使用过程中，给人带来的心理慰藉以及人在使用过程中所受到的更多关注和羡慕，会使人产生美好联想、喜悦和自豪感，进而提升人的内在能量。这就是品牌在人的心智中的作用。

✿ 宇宙中的能量是"不生不灭、不垢不净、不增不减"的，能量聚在一起会形成一种"场"。比如：有的人到了一个地方或见到一个人，会不由自主地产生一种舒服或烦躁的感受，这就是不同的能量在相互作用。有时候一个人进入一个大环境中时，会不由自主地甚至违背自己意愿地随着众人的思想意识而参与行动，这就是人们常说的失去理智感，也是西方心理学所谈到的集体意识。比如，当商场打折时，很多人刚开始只是想去看看，在进入时并没有购买商品的意愿，可是当到了商场看到很多人在抢购商品时，常常会不由自主地加入到购买的行列中。

✿ 能量是不生不灭、不增不减的，它既不能被创造也无法被销毁，现代的科学实验已经印证了能量的守恒。除此之外，科学家们还印证了另外一个事实，那就是"能量是可以转换的"。实验证明能量可以从振频低的一极转换成振频高的另一极。

✿ 当两种有相同振动频率的物质能量相遇时，振动频率较小的一方会受较强一方物质能量的影响，趋向于以同样的频率振动，最后形成同步共振现象。也就是说，振动频率小的物体由于受到相对应频率之周期性的刺激，因而趋向于与较强的物体产生共同的振动频率。科学家贺金斯曾进行实验：在房间的墙上并排放置了不同频率的摆钟，然后离开房间，第二天再回来时发现摆钟的钟锤皆以相同的频率在同步摆动。其后许多人相继重复此钟锤实验，屡试不爽。

人的大脑在进行思维活动时产生的脑电波也会发生共振现象。当我们与别人谈话很投机时就会产生共鸣，课堂上老师的谈话很吸引你时你就会猛点头，其实都是大家的脑波在共振。所有这些表明，我们可以通过调整振动的方法来改变能量关系。

✿ "共鸣"也是一种共振现象，在我们日常生活中随处可见。比如未振动的琴弦会受强烈振动琴弦的影响而一起共振；还有女高音震破玻璃杯的例子，女高音高频的歌声（无形）能提高玻璃杯（有形）的振动频率，当振动频率到达某一程度时，玻璃杯就会因无法再维持玻璃的形状而破碎。

❤ 一切事物皆源自对立与统一

✿ 能量是一种物理的表现。人的思想就好像计算机软件的编写者，依据过往经历编写一个属于自己的生命程序，并会按照一定的规律和条件去运行，这种生命程序就是人们常说的"心智"。当能量被赋予了心智，显现出来的就是人的生活和命运的状态。

✿ 在我们所生存的世界里，一切存在都由一种看不见的内因与看得见的外因所呈现。阴与阳之间、内因与外因之间，都存在互为因果的关系，以及你中有我、我中有你的相互依存关系，一切事物都是借着阳性与阴性之间的相互作用而存在并持续着的。

✿ 古代的先哲们向我们所传达和讲述的其实就是一种思想：尊重自然规律，与天地和谐共融，存在就有其存在的必然联系和必然结果，一切结果都只是一种表象，外在的表现反映着内在的状态。这个世界不存在好坏之分，一切事物都源自对立与统一，都具有两面性，所谓的好与坏只是人们所站的角度不同而已，也只是自己在当下的感受和选择。

✿ 常听到有人争论："这个世界是先有物质还是先有精神？"正如多年来人们经常探讨的"先有鸡还是先有蛋"一样，其实鸡和蛋是同生同灭的，没有鸡就没有蛋，鸡和蛋是一体的两面，所以我们不能也不应该把这件事物割裂开来看待。同样的道理，物质和精神是共生共存、同为一体的，二者相互作用、相互依存，不能独立存在。物质是存在的条件，精神是发展和推动的动力，精神能量推动着物质品质的发展。

✿ "物有本末，事有终始。知所先后，则近道矣。"意思是：每个事物都有根本和枝末，都有开始和终结。一旦明白了这本末始终的道理，就接近事物发展的规律了。那些有成就的人，正是因为认识、掌握和运用了事物发展的规律，才拥有了超乎常人的财富和地位。

《道德经》曰："道生一，一生二，二生三，三生万物。"道是客观规律也就是自然存在的法则，二是对立与统一的关系，每一个客观事物都具有着阴和阳、正和反的两面，正是这种对立与统一创造了世间的一切和万物的和谐！

《易经》上说"一阴一阳谓之道"，天地没有时先有道，天地消亡时道还在。正是因为存在着阴和阳的对立统一，世间万事万物才能得以生长、变化、消亡和重新生长。阴和阳的对立统一可谓包罗万象，大到天地日月，小到每一个具体事物的表里内外，也就是说事物不仅存在着阴阳对立的两个方面，并且在这两个方面的任何一方，也都可以划分阴阳，以此类推，直至无穷。事事都有规律，我们要做的就是引领自己发现规律、认识规律、运用规律，也就是提高人生智慧。

✿ 任何事物都是对立统一的，都不独立存在，这种思想体系的建立是东方文明与智慧的结晶。所谓"阴阳互根，孤阴不生，独阳不长"，是指宇宙中的一切事物都是由阴阳所组成，即有形的物质和无形的精神。有形的物质以显性的方式存在，无形的精神以隐性的方式存在，两者互为根本，形成了宇宙中的对立统一，正是这种和谐创造了自然的不生不灭，相续传承。

✿ 精神和物质组成一对阴阳，它们相互依存、紧密相连，构成了广袤世界中万象纷扰的事物和各种因缘相续的结果。也就是说，这个世界上的任何事物都存在两面性，或者说都是由两个或两个以上事物（或部分）共同构成，相互存在，相互作用，互为因缘。就如世界上没有黑也就不存在白，没有疾病也就不存在健康，有唯心才会有唯物。所以独立地将其中的一个事物割裂来考虑、分析、判断那都是不完整的。

✿ 完整也就是常说的圆满，需要懂得道理，也就是觉悟。人最容易的是知道，最难的是做到。其实，没有做不到而知道，只有做到了才是知道。就好比，知道要孝敬父母，如果没有孝敬，能说是知道了吗？考试时我都知道可就是没有答出来，是知道吗？不是的，只能说有这方面的常识。

✿ 懂得多少，了解多少不重要，重要的是知道多少做到多少。

❤ 潜意识的心灵伤痛会形成情绪的种子

人的记忆是无法用时间来磨灭的，即使经过漫长岁月的洗礼。生命中曾经有过的伤痛不但不能真正忘掉，而且时间越长，这些记忆中的情绪对人的生活与命运的危害会越深重，对自己、对家庭、对社会都会产生影响或造成伤害。

时间可以让我们忘记一些意识层面的东西，但潜藏在我们潜意识中的心灵伤痛却会形成情绪的种子，时刻与我们相伴，随时作用于我们的生活。如果得不到及时的清除，时间越久伤痛越深，对人的伤害越大。

❤ 憧憬是坚持后的彩虹

✿ 其实人很简单，做自己喜欢、愿意为此付出、对人有所帮助的事情，并看到因你的努力而推动了这个事情正向发展，是一种享受与幸福！

✿ 让孩子幸福、让老人幸福，这是我们做自己或是做子女的本分。

✿ 梦想有多大舞台就有多大。每个人的内心都有对美好事物的追求，有了这种追求才有了人类的进步与享有生活的美好。憧憬不是沙滩上的遐想，而是坚持后的彩虹。

♥ "你是谁"取决于你每时每刻的创造

❀ 人因觉悟而改变，因改变而创造生命的精彩！

❀ "你是谁"不重要，重要的是每时每刻你在创造着"你是谁"。生活是思想的试验场，反映着思想的初衷、使命、价值、境界。

❀ 能量来自交换，有舍才有得，只有交换没有赔赚。外在的一切都是一面镜子，在反映着你是一个什么样的人。

❀ 一切结果都是人的愿意，有人愿意幸福，有人愿意受苦。

♥ 爱别人要从爱自己开始

❀ 只有接受自己才能爱自己，才能还原一个真实的自己，才能提升自己。爱别人要从爱自己开始，水满则溢。

❀ 每个人的成长经历有所不同，没有聪明愚蠢之分，重要的是要在经历中还原真实的自己、找到提升的方向。接受、补漏、改变、前行、精进。

❀ 对别人生气与恼怒，其实是对自己不满，那不是针对别人，而是不能接受自己的一种表现。

❀ 有时因别人而产生情绪，也知道是不接受自己，但是并没有看到自己真的有这样的问题，怎么办？如果有一百万元，你会很在意别人向你借一千元吗？但如果你只有一万元，别人向你借一千元，你又会怎样？这个钱就好比你生命的能量，当你能量低时就会十分在意别人对你怎么样。一切外在都是你内心的投射，解决问题的关键还在于提升境界和能量。

✿ 智慧就是认识规律，掌握规律，运用规律。由此出发的爱自己、爱他人，才会更加有效。

♥ "愿" 就是让一切变得更好的心

✿ 快就是慢，多就是少。很多人只是在追求自己想要的，而不懂得修炼和等待。这个世上没有"得到"只有"等到"。很多人一路总在疑惑为什么付出很多努力却还是得不到？不是不能得到，只是还没有修炼到，或者是还没有等到。瓜熟蒂落之前是无数的艰辛与汗水。

✿ 创造因，才能产生果，怎样做就会得到怎样的结果。

✿ "愿"，就是让一切更好的心：第一是自己的思想可以让多少人进步，第二是自己愿意让其他人变得更好。

✿ 快与大只是人们在结果上的比较，真正的大就是慈悲，就是有多大的"愿"力。心中有多少人、愿意对多少人好，是真正的"大"；愿意为别人做多大的改善、愿意别人今天能够变得多好，那才叫真正的"快"。

✿ 讲一句话是为全世界的人说，那是宗教家；讲一句话是为全公司的人说，那是负责人；讲一句话是为全家人说，那就是家长。一个人心里装着多少人、装着多大的"愿"力，就有多大的能量。一个人很有智慧、很有能力，但是心里面没有别人，一切都没有用。

✿ 一个人懂得很多理法却不行动，不会有任何改变；只有行动才能创造一个不同的自己，才能让自己有所进步。人追求的不是自我实现而是自我超越。

✿ 人放不下自己，就失去了链接和能量，导致生活、事业、婚姻中的各种"苦"。从本质上看，什么样的人过什么样的生活，什么样的生活也就反映着什么样的人性。

✿ 只有破相才能还原本真，只有放下执着才能接近规律，只有提升能量才能到达山顶，只有提升境界才能下山回到人间。

♥ 真正的爱是提升对方的能量

✿ 感恩不是说辞而是行动，有善必被成全。

✿ 物质和能量是宇宙中最为基本的元素。万物因能量而存在，人因能量而获得生活的不同状态。

✿ 真正的爱不是言辞，也不是给予对方多少物质，而是能够提升或者保有对方的能量。

✿ 当一切回到原点才能在前进中找到规律。这个世界上不存在长久的真理，只有规律。不论什么人、什么事都在规律中运行。西方讲思想和逻辑理论，而东方讲智慧与平衡关系。

✿ 人追求的不是聪明而是智慧，这种智慧来自于一个人对生活的锤炼，并在锻打中醒悟、觉悟，由此找回自己的位置，找到自己的起点，很多的迷失都源于失去自己。

✿ 善巧是一种方法，而善巧利他是智慧，利己是聪明。

✿ 如果在一个人的生活中总有类似的事情在重复，或者是轮回，就表示你的方向有偏差，需要修正，这是生命的恩典也是生命的喜悦——因为你还有改正的机会。

♥ 打开心让阳光照进来

✿ 人的生命包含两个层面，一是精神即心智，二是身体即物

质。在世间的万般物种之中，只有人类面临着这种特殊的选择与挑
战——怎样使心智和身体共同和谐发展，并且按照良知与社会道德
公允的方向生活和实现自我价值。

✿ 人的些微努力都会影响到自己以及相关的所有人、事、物，
最后的结果又都会回到自己的生活中。

✿ 世界上的一切物质表现都是能量的显现，而能量是以频率振
动形式存在，也就说万物所呈现的结果都是其特有的属于自己的振
动频率。水只是一个链接的载体，对于吸收来讲要看一个人内在的
频率是否与水所承载的振动频率共振。一个人在大怒或很有情绪时
喝水与心情平静时喝水有完全不同的效果——情绪会改变身体的振
动频率。所以能否让身体更好地吸收水在于调整情绪与能量的频率。

✿ 人的身体大约有 60 万亿个细胞，每一个细胞都有灵感，都能
听懂自己的思想，都是以自己思想所发出的频率来完成行动。有什
么样的思想就会有什么样的身体。那么当我们可以回到原点也就是
思想上来的时候，事情就好解决了。

✿ 我们每一个人都是链接这个世界的通道，只是有的人打开和
链接的网页多，有的少。通道越多资讯就越多，也就越有价值。打
开你的心，让阳光进来，照耀自己的同时，也照亮更多人！

♥ 认知规律并行动

✿ 精神和物质组成一对阴阳，它们相互依存、紧密相连，构成
了广袤世界中万象纷扰的事物和各种因缘相续的结果，独立地将其
中的一个割裂来考虑，是不完整的。

✿ 阴阳在变化的过程中不仅体现你中有我，我中有你，还存在
着相互依存和转化。阳根生于阴，阴根生于阳，有阳就一定有阴，

有阴也一定会有阳。比如没有明就无所谓暗，没有左就无所谓右，没有动也就不存在静，没有失败的艰辛和痛苦也无从体会成功的喜悦。

✿ 人的思想就好像计算机软件的编制者，依据过往经历编制一种属于自己的生命程序，并会按照一定的规律和条件去运行，这种生命程序就是人们常说的"心智"。当能量被赋予了心智，显现出来的就是人的生活和命运的状态，所以提升心智能量也就是在创造有形物质。

✿ 一切都有其规律，只是我们愿不愿意认知规律，并是否愿意为此行动。

✿ 每个人的生活、命运都在自己和这个世界的规律中，只是很多人只愿意看到自己想看或是想要的，就好比盲人摸象——所感触到的和体验到的都是真实，但不完整，只是局限的。要看到全貌就需要提升境界。

♥ 物质和能量可以相互转换

✿ 在我们所生存的世界里，一切存在都由看不见的内因与看得见的外因所呈现。阴与阳之间、内因与外因之间，都存在互为因果以及你中有我、我中有你的相互依存关系。一切事物都是借着阳性与阴性之间的相互作用而存在并持续着的。

✿ 古代的先哲们向我们所传达和讲述的其实就是一种思想：尊重自然规律，与天地和谐共融，存在就有其存在的必然联系和必然结果，一切结果都只是一种表象，外在的表现反映着内在的状态。

✿ 在人类社会中，一切有形物质表现——企业发展、财富拥有、婚姻家庭、品牌营销、亲子教育等都是依据内在心智引导能量聚汇或离散而创造出外在物质表现的结果。

  ✿ 物质和能量是守衡的，彼此可以相互转换。所以提升能量也就是在提升等同的物质表现，这包括婚姻、事业、财富、亲子教育、健康等。

  ✿ 人的一切都是心智呈现和思想的引导所得到的结果。所以，一个人的提升，在于改变在心智中的"种子"和提升思想境界。

♥ 最好的爱是先让自己好起来

  ✿ 爱不是说辞，而是在为他人服务付出的同时提升自己的能量。而自己的能量有所提升才能照亮周围的人。一个人要是爱自己的父母、爱自己的孩子，最好的爱就是让自己好起来＿首先减少给别人带来的麻烦和情绪，更进一步就是可以用自己的能力来帮助需要帮助的人。这才是爱！

  ✿ 当一个人知道很多而不去践行时，就会形成新的"业"人的心灵在需要成长时，会巧妙地"安排"人的经历，如果你不能用很小的经历来发现自己要提升或者改变的地方并为之行动，那么心灵就会为了你的成长而给予你更大的"经历"。在经历后的行动是恩典，不行动就会形成成本，而且会越来越大。

♥ 建立与更高次元的链接

  ✿ 一切物质、人的传递和链接都是通过信号，也就是彼此的频率——对于人来讲就是感觉，也就是说你的感觉在创造你与世界的链接和互动。而感觉来自思想，思想受其情绪的影响和作用。所以对于一般人来说，改变的第一步就是从以往的情绪中走出来，然后爱自己、接受自己，不再较劲和亢奋，再就是境界、能量、链接。
这既是一个规律也是一个过程。

❀ 一个人被情绪所牵绊，就会影响身体的振动频率。振动频率
越低人的层次越低。

❀ 要提升自己的层次，一方面是要提升境界，另一方面让自
己处于一个能够提升自己的能量场。比如很多人到北大、清华读
EMBA 就是建立与更高层次的链接。

♥ 慎独

❀ 古人发现了宇宙的规律，也创造了《易经》，并由此告诉人
们一切都是相对的，只要找到对应点或者对立面也就能知道自己现
在所处的状况。

❀ 上苍造人，每一个器官与外在都是一一对应和连接的关系，
不同的脏腑有着不同的振动频率。当一个人出现状况时，就表现为
这个部位已经不是原有的频率。中医所讲的"痛则不通"就是说能
量被阻塞。

❀ 慎独，就是一个人的时候更要注意自己的行为和思想。慎交，
就是要有选择性地交朋友。

♥ 人的价值体现于利他精神

❀ 一个人的价值不是说出来的，而是做出来的，取决于这个人
能够为他人服务多少。价值不是自己的感受，而是通过服务他人所
得到的认可。一个人如果想做事情会永远做不过来；要是不想做事
只是等着别人分配工作，那这个人的价值就太低了。还有些人对别

人分配的工作还不愿做，或做了还有很多埋怨，或做不到就找许多理由来为自己开脱。所有的理由都是借口，可以骗全世界但是骗不了自己。

✿ 人来到这个世界上能做的就是为他人服务。如果有这样的觉悟，那么你的工作这辈子都做不完，而且是喜悦地做。

✿ 回到规律的源头看一下，就会懂得，那些有成就的人和得到赞赏的人都是为他人服务的人。没有别人的事情，都是自己的事情。在一个企业里，如果一个人只是做老板让做的事情，那他将永远是员工。

第二章

心智禅修

♥ 生活是一个立体的圆

✿ 这个世界上没有所谓的善与恶，我们所做的一切都是在为自己。在生命的成长与进化中，我们离不开他人的帮助和恩惠，我们都是这个系统中的一员，因此应该也必须用自己应该做到和能够做到的方式来回馈这个系统。所有点滴的努力都会产生"蝴蝶效应"，影响更多的人并回到自己的生命中。

✿ 你所做的一切与他人无关，最终都会回到自己的生命中。你的每一个行为都在改变着你与世界的关系，包括你以及外在的一切。

✿ 我们的生活不是一个点，而是一个立体的圆。出生是这个圆的开始，你一直在完成整个的圆。这个圆不是一个人的节点，而是由无数个点叠加而成，形成中间最为有效的部分，那个圆就是圆满。

✿ 我们的思维空间是立体的，我们的思想在创造这个圆，行动只是再现而已。我们的努力就是要让自己所在系统的圆尽量扩大，这样就能承载更多的幸福。这个圆越大就越接近佛家讲的"大圆满"。

✿ 圆的起点决定着你与外在的一切关系，家族成员和组织系统共同创造着圆的大小，它所展现出来的状况就是能量。你会发现有的家庭多了一个人或者少了一个人，这个家庭的氛围马上就会出现变化，一个企业组织也是如此，这就是能量的聚合与离散的表现。

♥ 一切是臣服结果的再现

每一个人都生活在规律中，能臣服什么就能和什么链接，也因此有所得到。我们要做的就是从纷杂的现象中看到或发现规律，包括自然规律、人文规律等，运用规律来改善和提高我们的生命品质。

　　人的一生都是处在某一种轮回中，你会发现我们自己的能力很小，许多时候会被一种无形的力量所驱使，不知所措或难以自拔。我们还在努力抗衡，认为那就是命运，其实这些都与你过往经历紧密连接，你的一切都是你的需要——你需要疾病，你需要痛苦，你需要幸福，需要开心……你需要被你的心灵所左右，被你的思想所控制，被你的过往所牵绊，你生活在你的需要中不能自拔。这些经历看似是你想要或者不想要的，其实都是让你从这些经历中能够更好地发现和完善自己。

　　你是你的一切，你只是在这一刻与自己相遇。所以你需要静下来，能够回看自己，从所发现的规律中建立新的链接，步入一个新的你想要的规律，这就是心智禅修能够带给你的发现、觉悟、臣服、链接，以及改变与提升。

　　我们的生活中没有所谓的灵性，只有智性和慧觉。你的一切都是你的"觉知光明"所创化，你活在自己的世界里，你是你的主宰，你是你的一切。但是那个你又不是你所看到肉身的你，而是你的能量穿越千古而聚合的你。你现在的一切都是过往经历的呈现，当下的显像只是一个能看到的结果而已。你会最终知道你自己是谁，你是一切外在缘起的结果；你会最终发现，你的结果在于你的臣服，你的所得也是你臣服结果的再现。

　　心智禅修，是一个让人能够发现自己、完善自己的链接纽带，更是你生命成长中的一个重要部分。

❤ 做自己思想的主人

　　✿ 人与人之间之所以会如此不同，成功或失败，富有或贫穷，非凡或平庸，并不在于教育背景、家庭状况、勤奋努力的不同，而在于每个人的心智、直觉、智慧存在着很大的差异。人只有成为自己思想的主人，才能够把握自己、做真正的自己，才能够丰富我们的人生，使我们有限的生命放射出绚丽的光彩！

✿ 思想的结果取决于形态、性质和生命力，这三者共同作用，决定了思想的性质。

思想的形态取决于产生这种思想的精神图景，而精神图景则来自于右脑的心像以及心像的深度、观念、视觉化的清晰度。

思想的性质取决于它的组成部分，如果心灵的成分是勇气、胆识、力量、意志、积极向上的精神，那么它所编制的思想也将会形成积极正面的力量，这种力量也就是人们常说的潜能，它拥有着巨大的释放空间，同时也会创造出成功与非凡。

思想的生命力取决于思想孕育时刻的感受和情绪，在人的心智结构中有着往昔所有的经历、感受，它储存在人的右脑中并形成观点、判断和执着，这一切只要能够积极地面对和穿越，有效地化解清除，就能够改变生活的状况和已有的命运。

✿ 我们要努力改变我们的心智模式，提升自己的境界，提高自己的修为，做自己思想的主人，把自己心智中储存的过往的负面情绪化解并清除掉，使思想不再受心灵的阻碍，形成感性与理性的统一。这样一来，思想作为创造实相的工具，在熟悉各式各样的想法后，再选择其中最"合乎"人性情理的想法，我们就可以客观全面地从各个角度思考问题，最终决定我们的行动和方向。

♥ 追求真善美要有好的情绪

✿ 当我们能够了解一切事物存在的本源时，就不会再执着于自我，才可以真正地放下自我，才有机会得到真正的解脱。

✿ 本源究竟是什么呢？是爱、真、善、美。爱既是生命的源泉，也是真、善、美的基础。在现实生活中，真、善、美具体表现在人们对有意义、有价值的生活的一种追求中，对实现自我价值的一种努力的过程中。

✿ 世界是二元性的，任何的存在都是为了彰显另一方面。人之所以在追求真、善、美的过程中出现分歧，是因为每个人的心智不同，是因为在每个人心智形成的过程中，都储存了不同的经历、感受、情绪等记忆，而这些在大脑中被进行信息处理以后，就会使人形成不同的思考模式和行为习惯。所以说，情绪很重要，不同的情绪会形成不同的心智。人类最核心的要素就是情绪。

✿ 外在的世界受我们内心世界的影响，一切问题的根源都在于我们自己。我们应当从自己身上找原因，而不是执着于外在表现。当我们执着于外在表现时就会形成内心的痛，会严重影响自己的情绪。当我们拥有的都是一些负面情绪时，就会看不到世间的真、善、美，进而影响我们的实际行动，去做一些对自己、对别人、对社会都不利的事情。所以，我们要追求真、善、美，就必须要有好的情绪。

✿ 当负面情绪出现时，我们要进入自己的内心来找问题，看一看内在的自己还有什么是需要修炼的，自己目前的生命状态到底被"卡"在哪里。只有具备这种觉知，才能找到自己负面情绪的"种子"。只有将"种子"彻底地化解与清除，才能改变自己的心智结构，才能有一个好的情绪，才能追求到真、善、美的东西，才能让自己的人生更有意义。

❤ 心灵优先于身体需要才会收获幸福

✿ 幸福的人生在于了解、掌握并运用宇宙的规律，让自己过得更好。

✿ 一切存在都有一种看不见的内因与看得见的外因。内因是指任何一个存在的内在本性或性格，外因是指任意存在的物质或结构及形状等层面。内因与外因，我们称之为性相与形状。

✿ 整个宇宙中存在着一种阳与阴的相互关系，类似于内因与外因的关系。阳与阴之间有主体与对象、原因与结果、内与外等相互关系，阳与阴也可以一起称之为二性性相。宇宙万物存在的样式是：一切事物都是借着阳性与阴性之间的相互作用而存在并持续着。

✿ 宇宙法则中，人是心与体的二重体，即性相与形状的统一体。人类综合了宇宙的实体相，人的性相与形状中包含了动物、植物、矿物的性相与形状的要素，并且具备更高层次的心灵要素。

✿ 由于人类同时拥有心灵与身体两个层面，所以心里渴望得到精神与物质两方面的满足，这是很正常也是应当之事，因为只有这两方面的欲望得到满足时，人才会感到完全的幸福。但这两种欲望的次序关系很重要，心灵需要优先于身体需要。

✿ 物质生活和物质追求仅仅是我们人生的一部分内容，并不是生命的全部价值所在。我们除了追求物质以满足自身的需要外，还要有更高尚的价值追求。崇高的理想、坚定的信念、强烈的事业心是我们热爱生活、创造生活的强大动力。让我们用崇高的价值追求来主导我们的物质追求吧，我们的人生会因此变得更加丰富、灿烂、辉煌，这才是我们所要追求的幸福人生。

♥ 唯有改变才能掌握命运

✿ 我们经常会看到别人的美好和幸运，总希望那些美好和幸运也能被自己拥有，却没有想过，我们完全可以通过努力来改变自己，使自己变得更加聪明、能干和美丽，再塑一个全新的自我；通过改变自己，让自己的个性与处事态度与以往有所不同。

✿ "认识自我"，我们就会明白这一切，了解这一切，学习到这一切，然后我们就会改变，一切就都会成为可能，美好的未来也就会在不远处等着我们！"认识自我"这扇门就像所有普通的门一样，只有你去敲门，门才会为你而开。

✿ "认识自我"不仅仅是要了解，更重要的是要达到改变。知道与做到是两个完全不同的概念，到底要如何才能让自己从知道发展为真正地做到，这一点是开启生命本质之门的金钥匙。人生能否成功，关键是看一个人能否做得下去，能否做得更好。做简单的事，坚持不懈地努力，一定能成功。

✿ 每个人都有巨大的潜能，每个人都有自己独特的个性和长处，每个人都可以选择自己的目标，并通过不懈的努力去争取属于自己的成功。只要我们能够真正地做到"认识自我"，当我们看到了真正的自己，认识到自己的不同，我们就会不断地改变自己，改变自己生存的状态，让自己学会如何更快乐幸福地生活。

✿ 唯有学会改变，才能真正掌握自己的命运。这是"认识自我"的精华和真谛所在。

♥ 人的成就是一生的修炼

✿ 我们应该追求的是一生的"成就"，是生命价值的体现，而不是短暂的"成功"。成就取决于内在力量的修为，是一生的到达，也是一生的修炼。修得一颗清净慈悲的心，就会得到你想要的一切。

✿ 在修炼的路上，首先要认识自己的生命，了解自己的内在，懂得驾驭自我，学习与潜意识沟通的方法。

✿ 人是身、心、灵的产物。"身"表示我们每个人看得见的外在形象，也就是人的样子、外形、体态。"心"指的是起心动念的想法，是我们每个人思维、观念和认识。"灵"则是指潜意识，是来自于右脑的感觉、直觉、判断，它是起心动念后影响身体不同表现状态的结果，会引导身体进入或者达到不同的状态。

✿ 在人的一生中有许多来自于幼年造成的恐惧，它会伴随着人的一生，减少人的能量，形成不良习惯，积蓄负面因素，影响着每个人的心智力量。这种力量的减少会让人产生不自信、冷漠、消极、固执等不良因素。它就像电脑磁盘的环道一样，影响着运转速度和内存空间。一个人身上积蓄的负面因素过多，就会令人缺少力量与勇气，难有所成就。

✿ 一个人的成就来自于内动力，而不是外在的力量。人的内动力主要是来自于家族系统的原发动力和福德修为。有成就的人都是对于父母完全接受，很孝顺的人。父母养育了儿女，不论对儿女怎样，就算打骂过儿女，身为儿女的都要在思想上接受，要相信那是父母对自己的一种特有的教育方式，是帮助自己成长的一个过程。接受父母和家族，才有能量和力量。

♥ 让思想有用是"心想事成"的前提

✿ 我们应该怎样来创造自己的世界？那就是让思想有用。思想是我们人类用来创造世界的唯一工具，所以我们首要的修炼，就是尽可能地让自己的所有想法都有用，这是"心想事成"很重要的前提。

✿ 思想包括两部分：意识与潜意识。意识指的是我们所知道的一切，包括我们从小到大接受的知识、所知道和懂得的道理。潜意识则是人过去经验留在记忆里的痕迹，即人们常讲的本性、心灵、阿赖耶识、生命。当意识与潜意识不一致时，身心就会不断地发生冲突，最终所有努力的结果只会产生两种状态：一种是转换为"热能"，使自己烦恼生气；另一种是"压抑"，使自己郁闷不已。这两种状态都不是我们想要的，所以我们必须修炼自己，创造思想的一致性！

✿ 修炼思想一致性最重要的方法是学会自我对话，学会和自己沟通，这样就可以在意识与潜意识之间架起一座桥梁，使我们的意识与潜意识达成一致，让内在与外在的需求完全一致。我们讲话除了讲给别人听之外，还有一层更重要的意义，就是讲给自己听。因为人生的成功从自我承诺、自我承认开始。

✿ 通过自我沟通的修炼，我们就能创造思想的一致性，意识与潜意识就会完全处于和谐合拍、共鸣共振的状态。在这样的状态里，我们内心所蕴藏的力量，就能够更有效地发挥出来，为我们的人生创造出更多的成功和快乐。

♥ 能力的提升来自感恩之心

✿ 感恩是一个人灵魂存在意义的本源，感恩可以换得能力。从本质上讲，人与人能力的差距，来源于人对包括自己在内的一切人及事物感恩程度的差异。

✿ 感恩，对幸福有磁石般的吸引力。子女与父母之间互怀感恩，会让社会的发展更平衡；夫妻双方互怀感恩，会让幸福充盈于家庭；

职工与企业互怀感恩，员工人尽其才、企业卓越强大，将不再是奢望；人对社会充满感恩，就会从自身出发，寻找解决问题的最佳方式，为完善社会大家园而贡献才与财。

❀ 感恩表面上看是为他人付出，他人似乎是感恩的获得者，其实不然。因为自己真诚付出后，会视界开阔、宁静致远，甚至在付出过程中修正自己许多的不足。相对于只是简单的接受者的他人，收获最大的人其实是自己。

❀ 能力与行动的驱使来自于一个人的感恩之心，这是人唯一的动力，也是人这一生所要修的。一个人只有心怀感恩才能主动多做。面对相同的事情，有些人只是做了就好，不管结果；有些人则会多一份用心，多想一些，多发现和解决一些问题。

❀ 用心不仅仅只是担当，更是一种生活状态，始终保持这种状态才能多做一些，才能看到别人的需求，才能用心地为别人服务，才能得到好的结果。人能力的提升不在于技术，而在于让自己更加用心，做多了自然会提升能力，能力提升了自然会有很多回报，这就是人们常说的福气。

❀ 任何的结果都有一个起因，只是很多人执着于当下的果，忽略了因，也就造成了人的烦恼与痛苦。当一个人对自己目前的生活还不能满足，还有烦恼和痛苦的时候，最重要的是，你是否心怀感恩地去做一切事情，这一过程中自然会提升自己各方面的能力。世界上的一切都是交换而来的，付出什么也就会得到什么。

♥ 担当会让生命精进

❀ 责任心是衡量一个人成熟与否的重要标准。一个缺乏责任感的人，能量一定有所缺失，必定爱抱怨、推诿、逃避，很难取得大成就。人生一世，没有人能逃脱责任，只有富有责任感而又时时处处尽责的人，才是勇于担当的人。

✿ 一个人成就的大小很大程度上取决于是否有担当。在一个家族中，愿意承担家庭重任的人，一定是能力最强、取得的成就最大的人，企业亦如此。当一个人愿意担当，就会得到周围人的爱戴和尊敬，更会让自己的生命变得精进。

✿ 有担当的心是简单而无价的。一个人担当的强弱决定了他对工作是尽心尽责还是浑浑噩噩，而这又直接决定了他做事的效率或成败。当我们有担当时，就能够从中得到更多的锻炼与成长，就能在全身心投入工作中找到快乐。相反，如果懒散、敷衍成为一种习惯，做起事来往往就会不诚实，最终必被人们所轻视。

✿ 有担当是我们战胜生活诸多困难的强大精神力量，它使我们有勇气排除万难，甚至可以把"不可能完成"的任务完成得相当出色。

✿ 有担当不是与生俱来的，它需要我们不断修正自己的内心，修正自己的行为。学习是外在的，修炼是内在的。通过无形的内在修炼，达成有形的外在表现，真正改变自己的思维方式与行为准则，从而提升自我价值，与系统中的每个人携手共进，达成共同目标，实现组织共同的使命。

❤ 不同境界决定不同人生

✿ 人与人之间存在的差异，一方面来自于成长、教育与社会化环境之不同；另一方面，来自于人自身的思想境界、觉悟、情操之不同。看事物的角度、高度和全面性决定了人们对事物的正确认识和掌握的程度，就是人的不同境界。

✿ 当人的思想有所提升时，看问题就不会落入一元对立性的误区，不会非黑即白，非好即坏。境界是一种胸怀。"海纳百川，有容乃大；壁立千仞，无欲则刚"。用大境界去看待问题，并学会在事物的表象下挖掘内涵，不仅是真正的英雄，更是快乐的人、有大作为的人、远离人生苦难和悲剧的人。

✿ 提升境界首先要能够认识到人与人之间存在着差异，这样才会有机会去思考生命的本质，努力提升自我的境界并努力地去改变自己当下的生活与命运。

✿ 境界的提升在于懂得一切事物都存在着必然性，每一个结果都有一个促使它发生的原因。人的眼光，不能只看到一个人、一组人、一群人的利益，而是要看到一切人的利益。

✿ 人有着"自我"和"本我"。"自我"是意识的我、思想的我；"本我"是心灵潜意识的我。虽然"本我"看不见摸不着，却起着主导作用。

✿ 永远不要去羡慕别人，只要做好自己，为自己的内心做主，并能抓住眼前的每一个机遇，把恩怨化解，那你就是拥有大境界的人。境界大的人，眼光会很高，能抓住眼前的每一个机遇；而境界小的人，却让机遇悄悄溜走，因此最后只能变得一文不值。

♥ 幸福在于觉悟的过程

✿ 我们常说的幸福、喜悦、快乐是有条件的，也就是说会将对自己有利的、自我感觉好的、舒服的定义为快乐、喜悦、幸福。但是，一切都是相对的，有多少快乐就有多少痛苦，有多少喜悦就会有多少烦恼。任何事物都要从两个或者两个以上相关联的事物中找到对应关系。

✿ 人的"狭隘"的最大表现是想的都是自己，总在想"我怎么样"，而不是"我们怎么样"。

✿ 成功的快乐，收获的满足不在奋斗的终点，而在觉悟的过程，所以，该你走的路要自己去走，别人无法替代。经历就是恩典！就是人生最大的财富！

❤ 外在的生活是一面镜子

✿ 人的一生伴随着钱的流动而起起落落，在花钱、赚钱、守钱的背后，都是德行在驱动。让金钱移动的唯一动力，就是让人觉得值得。赚钱就是必须做到让对方觉得"值得"，做对方需要做的事，并且做到让对方觉得满意和值得，这才是真正的会做事，才能真正地赚"大"钱。钱是一种度量衡，非常客观、清晰地考量着人的一生——这一生赚多少钱，就是为他人提供了多少"值得"。我们必须要养成一个习惯：要么不做，要么做到让对方觉得满意和值得。

✿ 外在的生活是一面镜子，它客观完整地呈现着我们的智慧与能力——什么样的人过什么样的生活，什么样的生活什么样的人过。

✿ 人活在这个世界上只需要做两件事情：第一是帮助他人，看到他人需要，努力满足他人。第二是让自己的生命提升，同时帮助身边人的智慧能力获得成长。生命品质的提升，包括生命的改变、智慧与能力的成长，其本质都是灵魂的净化。

✿ 一个人的价值不是说出来的，而是做出来的，取决于这个人能够为他人服务多少，通过服务让他人所获得的认可。如果有这样的觉悟，那么你的工作这辈子都做不完，而且是喜悦地做。所有的理由都是借口，可以骗得了全世界，但是骗不了自己。

✿ 人很简单，一切是自己，自己是一切。不是别人的事情，都

是自己的事情。回到规律的源头看一下就会懂得，那些有成就的人
和得到赞赏的人，都是为他人服务的人。在一个企业里，如果一个
人只做老板分配的事情，他将永远是员工。

❤ 内心平静才会拥有圆融的一生

❀ 真正的人生追求，是一种内心的平静与坦然，在坚守为人理
想与初衷的同时，达到身心合一的境界。

❀ 庄子提倡逍遥游，"乘天地之正，而御六气之辩，以游无穷"，
逍遥人生，重要的是要把自己从心造的笼子里解救出来。庄子不爱
慕富贵、不建功名，只在确认人本身的价值。

❀ 人的伟大之处在于：人类心存感恩、爱、关怀、宽容，致力
于帮助他人，对人类社会进步有所贡献的人，能尽可能得到世上的
资源。通过对别人的奉献，也使自己达到心灵的宁静与平和。

奉献的过程，也是修炼心灵的过程。通过内在的修炼，最终达
到外在的成就，塑造更高的自我价值，生命将因此更加精进光彩！
或许每个人都有不同的机遇，都有属于自己的人生轨道，但爱、关
怀、宽容应该始终是我们每个人共同的心愿，是我们一生追求的缘
起，也是我们生命的归宿，而且将贯穿我们生命前行的每一个过程。

❀ "天行健，君子以自强不息；地势坤，君子以厚德载物"。豁
达地面对外界一切的纷繁物欲。只有保持平静的人，才会拥有圆融
的一生；只有遇事能够觉悟自醒的人，才会拥有超然的智慧。

❀ 历史在追求中沉淀智慧，生活在追求中修养境界，梦想在追
求中积淀执著，期待在追求中磨炼坚韧。因胸怀追求，等待才不觉
无奈，心灵才不为繁华所诱；因坚守追求，汗水才焕发出生命的光
彩，思想才闪烁出智慧的璀璨之光。

✿ 身体健康，才能使人有一个清澈的思想。一个人想要实现自己的一切梦想，不论是大事还是小事，都需要一个良好的身体做基础，身体是人的根本。就好像人们常说，健康是"1"，其他的，如财富、家庭、地位等都是后面的"0"。如果"1"倒下了，后面的"0"也就没有意义了。

✿ 这些年来，人们常说的一个词就是"成功"，而且还创造出各种教人能够成功的课程和学说。成功固然重要，但是，这不过只是一时的快乐。比如有的人，在财富经营方面很成功，赚到了很多钱，可是不一定快乐和幸福，往往到了最后，所有的烦恼反而和钱有关，或因钱而生。

让人产生美好回忆的，有时常常是那些小的事情。每个人都有着对于童年的美好回忆，往往那些回忆会陪伴我们终身，每每想起都会发笑，这就是喜悦。

✿ 我们每个人都有自己的追求和理想，有些值得为之终生付出，而有些则使人徒增烦恼与痛苦。在赚钱上有句老话：君子爱财，取之有道。真正有理想、有追求、有智慧的人决不会深陷在钱堆里，为钱所役，而是役使钱财，为自己和他人谋取幸福和自由。相反，有的人沉溺于利欲，贪污受贿，发不义之财，最后东窗事发，银铛入狱，从而丧失人生最宝贵的东西——自由，甚至是身家性命。这样的追求，恰好与他最初希望钱财带来一切便利与自在的愿望背道而驰。

所以，人这一生真正的追求，在于享有身体的安适和心灵的喜悦，享有值得拥有的一切。不论追求目标还是追求过程，衡量的标准就在于你是否从想要得到的或拥有的人、事、物中感到喜悦和值得。

❤ 任何事物都在规律中运行

❀ 人生一世就是要发现规律、掌握规律、运用规律，任何事物的存在都是在属于自己的规律中运行，所谓的灾难和烦恼只是背离规律的显现。而这种背离是人不能尊重自然规律而得到的惩戒，传统教育就是我们先辈用生命总结下来的生活规律。

❀ 快就是慢，思想的背离也就形成了结果的苦难。我们的很多行为是在做与目标背离的事情。有时候我们努力追求更高、更快、更远，其实是在促使我们的心灵与之应有的纯净背离。

❀ 星星之火可以燎原，每一个善举都会成全与之相关联的人、事、物，并不断发展和延续。善为天之则，宇宙所以周行不殆，万物所以滋蕃不息，圣贤所以递出不绝，文明所以薪火不断，皆因为有善充沛于天地之间，所以历史得以延续久远。

❤ 一切都在规律中

❀ 思想决定你的频率，而情绪则会告诉你处于什么样的频率，也会随时影响和吸引到与之频率相同的人、事、物，同时也创化了自己的生活与命运。情绪是思想的波动，是潜意识的提示，好的思想和正面情绪能够创造较高的振动频率。人的情绪很大程度上来自于亢奋和较劲。

亢奋——抵消福报，应得的好事没有了，机会少了，财富少了。

较劲——抵消能量，挫折多，不顺，灾难，死亡。

❀ 情绪的特点：（1）没有质量；（2）穿越时空；（3）超光速；（4）想到哪里就到哪里；（5）残留性；（6）永恒性；（7）创造性（演变为各种疾病、灾难、眼泪、鼻涕、哈喇子，想哭时会有嗓子哽咽、害羞，着急时脸红，害怕时脸色发白等）（8）可以清除、化解、削弱、改变；

（9）情绪改变、能量改变、作用力改变、周遭的环境改变、人生和命运随之改变；（10）化万物。

✿ 一切都是平衡的呈现，自然中有着正平衡、反平衡、横向平衡和纵向平衡。比如，贪心的人、爱撒谎的人容易被骗；不爱听的人容易耳鸣、耳聋；不爱看的人易花眼、白内障；不愿沟通的人容易鼻子不通。

✿ 上善若水、随顺为喜、各自圆满、人人俱足。坦然是一种生命的境界。安静分为几个层次：一是自己的心情相对于自己平静，二是别人觉得你平静，三是内心清静，四是没有分别的静——淡定、心静。

✿ 一切都是在规律中，都是一种平衡！只有懂得原理才能嵌入潜意识，才能有所改变，改变来自信、愿、行，不行动一切枉然。每个人的些微提升都是对社会的最大支持，也是让能量回到自己生命中的最好路径。

♥ 自己是成就一切的决定因素

佛陀住世时，有一位名叫黑指的婆罗门来到佛前，运用神通，两手拿了两个花瓶，前来献佛。佛对黑指婆罗门说："放下！"婆罗门把他左手拿的那个花瓶放下。佛陀又说："放下！"婆罗门又把他右手拿的那个花瓶放下。然而，佛陀还是对他说："放下！"这时黑指婆罗门问："我已经两手空空，没有什么可以再放下了，请问现在你要我放下什么？"佛陀说："我并没有叫你放下你的花瓶，我要你放下的是你的六根、六尘和六识。当你把这些统统放下，再没有什么了，你将从生死桎梏中解脱出来。"黑指婆罗门才了解佛陀放下的道理。

当发现自己是一切，自己可以做一切的主人时，就会更加坚信自己的修炼是正确的。当能相信自己的时候，就能努力去尝试改变。因为只有这样，才能让今后事情发生的结果有所不同，才能从中获得不同的经验与智慧。

有了这种了解，我们经营事业、经历爱情，或是遭遇其他外在的种种挫折时，就会将它当成一种重要的自我修炼，并相信只有接受考验，才能成就更好的自己，从而会更用心投入地去做事，会珍惜每一天，会珍惜发生在自己身上的每一件事，不会再执著于结果。因为我们知道，无论什么结果，都是可以承受的，因为这是自己的选择，属于自己的经历，而且自己会从这份经历中汲取智慧的力量。正所谓："如果你的心是一座火山的话，你怎能指望会从你的手里开出花朵来呢？"如果我们内心根本都不接受那些经历，又怎么能够指望从它们身上汲取智慧的力量呢？

通过经历，明白自己就是成就一切的决定因素，这就等于集聚了足够的智慧。然后，对人世间许多不惑，我们就会有迎刃而解的快感。

人生犹如一枚青橄榄，虽有难以言说的苦涩，但细呒慢品也会有清泉般的甘醇。如何去坦然地面对这矛盾？很简单，拥有一颗平常心。什么是平常心？佛教有语："平常心是道。"平常心即是清净心。平常心为道，空空为道。空空：一空为一种物质，一种极微的物质，生命无限大的物质。一空为此物质所具有的特征和特性，即：虚无自然，清静无为。

一个人若能做到内心安定自若，就不会被轻易征服。面对随时发生的变故，最需要的就是勇气，就是处变不惊的安定自若。当变故突然降临，人们常常为之变色。但是，如果能戒除恐惧，便不会惊慌失措，而是能冷静地面对，安定自若。"竹密不妨流水过，山高岂碍白云飞"，安定自若是一种气质和风范，具备了这样的气质和风范，无论遇到什么样的状况，都能举重若轻、泰然处之。

"风来疏竹，风过而竹不留声；雁渡寒潭，雁过而潭不留影。故君子事来心始现，事去心随空。"佛曰：爱别离，怨憎会，撒手西归，全无是类。不过是满眼空花，一片虚幻。既然如此，我们为何还要执著于此呢？释迦牟尼佛成佛时说的第一句话就是："奇哉！奇哉！一切众生皆具如来智慧德相，唯以妄想执著不能证得。"任何人都可具备平常心，任何人最终也都必须具备平常心。

平常心应该是一种"常态"，是具备一定修养才可经常持有的。年轻时，我们争胜好强，此时的我们往往可能觉得很累甚至感觉不到生活中幸福的存在。只有到了一定的年龄，到了一定的认知阶段，自己能够将内心还原为"平常心"，才会感觉到幸福渗透在生活的点滴之中。

♥ 用感恩与外在链接

我们是宇宙中的某种同仁。我们的存在，是为了发现、认知和掌握宇宙的规律，并运用这些规律来提高我们的生命价值。

人类的每一个进步与衰退，无不是我们的思想与自然规律的交互所现。

我们所拥有的一切，尽管看起来是外在努力的结果，但实际都是由我们内在的境界、情绪、家族、基因共同作用所能够聚合到的能量的显现。

矛盾、幸福、苦难、喜悦、烦恼、快乐，都只是一种相对平衡的自然现象，事事都有其发展规律与结果。在无形的世界里，唯一能够感受和需要调整的就是人与自然规律的臣服与链接关系。

虽然我们无法创造宇宙，但是，我们可以发现并运用规律来改善与提升我们的现状。这种自然规律就是敬天爱人，用感恩与外在链接。这既是宇宙法则也是人类集体智慧的延展方向。

世界上没有发明，只有发现。人来此一生最大的发现就是寻求到可以提升智慧的通道与方法，并发出慈悲和感恩的频率，与我们的母体进行互动与链接，获得更高的精神领悟和生命能量，通过在经历中的觉悟，超越因果、相对以还原自己达到合一的真我。

我们应有的生命态度：智慧与慈悲！

智慧，洞见生命现象和现象之后的一切本质，因为洞见，所以接受一切。慈悲，因为洞见生命现象之后的平等和无奈，因此，必须互相扶助，互相支持，互相尊重。

总有一些重要的事情化身为使命赋予我们，所以我们必须克服实现自我价值的思想障碍，让生命的正能量更加充盈，以助力生命的喜悦及梦想的实现。这就是心智财富学苑教育体系对社会最大的贡献。

今生的相遇，都是过往的重逢！感恩在这一世，在这一时刻，在这里与你重逢！感恩生命中一切的经历，一切的发生！感恩这一世遇到的所有人、事、物，所有的苦难，所有的美好！让我们持有这份来之不易的觉悟之光，保有纯净的心灵，让我们的生命更富有能量，让我们从当下出发，互相扶助，互相支持，互相尊重，把爱传出去，让更多人和我们一起回家！

♥ 慈悲是宇宙的力量

❀ 人的四种生命形式：从黑暗走向黑暗，从光明走向光明，从光明走向黑暗，从黑暗走向光明。

✿ 在量子层面存在着一个全息的能量场。在那里，万物皆与人类的意识相连结。思想帮助我们以情绪的形式与宇宙进行交流，喜乐、哀愁、忧伤、愤怒等情感也会不断被扩散到我们体外的量子世界之中，并对这个世界产生着微妙而又重大的影响。既没有"这里"和"那里"，也没有"现在"和"以后"的差异。能量的背后存在着一个意识和一个具有智能的心智，这个心智就是所有物质的母体。

✿ 能量定律：

第一条原则：万事万物都存在于能量场，所有一切都是互相关联的。是慈悲将每个人连结在一起。慈悲既是宇宙力量，也是人类体验。每个人因能量而生存与发展，能量来自交换，所以成全别人就是在成就自己，人与万物的关系本质是能量的交换与碰撞。

第二条原则：能量场是全息的，这意味着场域内的任何一部分都包含着整个场域的信息。

第三条原则：过去、现在和未来紧密相连，不存在时间和空间的关系。

第四条原则：我们用情绪与这个能量场进行互动。人类的感受和情绪创造现实的物质。真正起作用的并非我们说出的话，而是这些话在我们的内在所创造的感觉。

第五条原则：能量会以波或粒子，或同时以两种方式表现出来。观察者的思想将决定和改变能量的表现方式。

第六条原则：能量不生不灭，不增不减，不垢不净。

✿ 因与果，可体现为改变过去的因也就是在改变未来的果。能量来自交换，每个人的能量来自与他人关系的互动中。

✿ 禅修就是知之而行，也就是懂得和知道了道理但是要行动，只有行动才能改变和提升自己，从当下出发！

✿ 人的痛苦是一种选择、一种语言、一种自然警讯。带给人痛苦的，并不是人的想法，而是自己对想法的执著。执著于一个想法，意味着坚信不疑地认为它是真实的。人要在经历中觉悟并行动。不行动，心灵就会给人更大的苦难，目的都是在让人觉悟。

❤ 融入对方才能改变对方

✿ 生活中的每一种循环现象都是对立再续的结果。要终止这种轮回，就要懂得对立一方存在的意义，以及对于自己的提示。有白才会有黑的存在，有上才会有下，一切都是相对而生，都是为了证明自己的存在而被创造出来的，当明白这一切的道理，所有的轮回、成、住、坏、空都可以终止，达到真正的"合一"。对立双方能够彼此完全合一，也才能产生轮回的终止。

✿ 善与恶、黑与白、正与邪、是与非，都是对立的现象。任何对立的一方都会认为自己才是对的，自己是代表正义的一方。当越强化自己是对的时候，彼此对立就越强烈——不断强化对立的结果，就是产生更多的矛盾。所以，必须放下自己的立场与认知，了解对方的想法与立场，才可以化解对立，只有融入对方才能改变对方。

✿ 初衷决定行动和结果，方向比速度更重要。

✿ 提升境界是改变命运的有效方法，有什么样的愿力就会有什么样的努力和结果。人的境界可以超越眼耳鼻舌身意的感知，使人与背后的精神能量链接，这样才能阻断自己不需要的链接，建立新的生活链接。

❤ 用心做事会延展结果

✿ 帮人或者做慈善，不仅是出钱，一个关注、一个支持、一个鼓励、一个微笑，只要这种爱的给予能够让对方的能量保有或者提升，都是一件善事。

✿ 专业来自技能，敬业来自对于事情的一种内在的精神链接。对于事情的结果有自己的要求，那不是苛责，而是一种良知和道德归属。

✿ 做好自己，在生活中尽量不要给别人添麻烦，或者不让自己的行为给对方带来不舒服的结果与感受，这也是善。

✿ 每个人心中都有一杆秤，都有着良知与人类集体意识对善的评定与标准，不同的思想就会产生不同的结果。

✿ 同样一件事情，用四肢做只是将结果完成，而用心做就是不仅完成结果，更要在这个结果上进行延展。

♥ 慈善是责任和义务

✿ 我们是宇宙中的同仁，同在一个空间和维度，我们必须有所回馈。因为资源有限，我们的得到意味着其他人在失去，所以我们必须给予我们能做到的回馈，这就是所谓的慈善。慈善其实不是我们的荣光，而是我们的责任和应尽的义务。

✿ 我们每天都在消耗和占用其他人的资源。从这一点看，生活处处是慈善。我们少开一次车、节约每一滴水都是在做慈善。因为石油、水不仅属于我们自己，而是整个空间和维度里所有生灵的资源。

✿ 善为天之则，宇宙所以周行不殆，万物所以滋蕃不息，圣贤所以递出不绝，文明所以薪火不断，皆因为有善充沛于天地之间，所以历史得以延续久远。心智财富学苑的教育体系不仅在于倡导"让更多人帮助更多人"的教育宗旨，更是要将这一理念践行于生活实践当中。

✿ 人与人、人与自然、人与社会之间存在着相互依存和互为因缘的关系，也正是这种相互依存和互为因果的关系才创造了社会群体的和谐与自然的平衡关系，个体的一切都离不开组织的整体环境。既然我们都是社会系统中的一员，就应该负起责任和义务，对社会做出自己的努力和贡献！慈善只是一种说辞，我们只是在用自己的方式来回馈我们自己的地球家园。

✿ "人不独亲其亲，不独子其子。使老有所终，壮有所用，幼有所长，鳏寡孤独废疾者，皆有所养"，希望在社会中的每一个人，都能够为他人贡献出自己的爱心，当我们用爱心点亮另一盏心灵之灯时，会有更多人懂得感恩，学会奉献，在享受关爱的同时体会心灵的升华，这也是"中国太阳公益活动"的宗旨所在。

✿ 慈善不仅是利用和帮助他人，也是在为自己累积福德。做慈善重要的不是要付出什么，而是给予自己一次可以为他人付出的机会。捐钱多不代表慈悲心比别人大，只是让自己有更多的机会来成全别人。

✿ 慈善不是行为而是发心，慈善活动滋养的是我们慈悲心。

✿ 人第一个需要"资助"的是自己的慈悲心。如果对自己都不能接受，压抑自己，常被恐惧所牵绊，不能爱自己，那么对外的慈善就只是活动或只是付出了钱财而已。"财为水"，水是流动的，财富来自十方就要给予十方，有舍才有得。怎么做慈善？对自己的接受和爱自己，就是第一慈善。

✿ 只有先慈化自己，才有能力悲天悯人；只有自己先好起来，才有能力更好地扶助他人。

❤ 你就是完美的

✿ 我们对社会及未来的努力和付出不是责任而是义务，就像对自己的孩子好不是责任而是一种应有的义务。因为建造一个好的社会、好的未来最终成就的是我们每个人，这是人类生存的禀赋美德。而责任则有的时候会成为一种压力，是一种不得不做的无奈选择，是一种不能完全接受的心理状态。每个人所思、所做的一切都会回到自己的生命中，这不是法则而是规律，是人类集体意识的存在价值。

✿ 无论现实怎样，我们要做的就是在接受的同时坚守自己的勇气和正直、纯正的品格！现在的你要创造一个什么样的未来？许多人靠坚守成就了自己，比如司马懿在坚守中得到了三国。出淤泥而不染，这一点远比唾骂、捶胸顿足、逃离更重要。

✿ 回到现实，回到自己，回到你应该坚守和笃定的地方，你就是你自己，你就是完美的。中国有着家族以及人类智慧的传承，如果中国人有智慧、有德性，未来必将为世界带来更好的影响和改变。

❤ 时间和空间都是假相

✿ 在量子层面的确存在着一个全息的能量场。万物皆与人类的意识相连结。我们不只是这个世界的旁观者，观察这个行为本身也是一种创造，而我们的意识也完成了这个创造的过程。我们以情绪的形式与这个世界进行互动，并不断被扩散到我们体外的量子世界之中，同时对这个世界产生着微妙而又重大的影响。所以，情绪对人生有着很重要的影响和作用。

✿ 所有的宗教和各种修行，都是从减少或者降低情绪着手，如打坐、静思、参禅、唱诵等。我们每个人与外在的链接，来自我们的思想也就是意识，地球上人与人的心灵链接是以网状的形式出现。没有时间、空间，那都是假相。

❀ 不存在"这里"和"那里"，也没有"现在"和"以后"的差异。从课程的个案中可以清楚地看到，能量场中的任何一部分都包含着这个场域的一切信息；我们表达的每一个想法，都好像在与宇宙进行着能量上的互动。那些看似并不重要的决定也必将延伸到未来的境遇之中。甚至，我们每个人的独立选择也会累积成人类的集体现实。所以古人强调，慎独！

❀ 嫉妒是自己的"缺"，是一个内在的种子。嫉妒者一定能量不够，比如你有一万元，看到有人有一块钱，你会嫉妒吗？

♥ 不是"我"而是"我们"

❀ 虔诚不在形式而在于初衷，苦修得再好也只是在还债，并不能增加新的能量。

❀ 人的结果来自选择、思想和愿力，人有一定的觉悟，并且行动、超越了自己！

❀ 让更多人帮助更多需要帮助的、有愿力提高自己生命品质的人。人有愿力才会有相应的行动和结果，并且会影响周围人的改变——他的微小改变就会形成蝴蝶效应，传播给更多人。

❀ 在这个世界上，不是我，而是我们；不是我怎么了，而是我们要怎么样。

❀ 对伴侣的期许就是在利用，自己的改变才好，而不是让对方怎么样——对方只是来修你的，让你能够看到自己，发现自己。放下期许，反观自己，才能超越！放下对人的期许，就不会因失望而痛苦，放得下，世界就是你的。

❀ 一个人的觉悟和超越，不是能说多少经典语录，能背多少名人名句，拜了多少大师，而是行动！

❀ "蝴蝶效应"在社会学界用来说明：一个坏的微小的机制，如果不加以及时地引导、调节，会给社会带来非常大的危害，这种危害我们形象地称为"龙卷风"或"风暴"；一个好的微小的机制，只要正确指引，经过一段时间的努力，也将会产生轰动效应或称为"革命"。同样，我们看似很小的一些情绪，会随着时间的推移和量的增加而产生质的变化。所以，我们更应该学会如何放下，避免一个很小的情绪，影响我们的一生。

♥ "种子"代表着思想障碍

❀ 我们生活在一个美妙又精彩的世界，每一个人的内心都有着一种渴望，希望自己变得更好、更进步、更精进。许多有成就的人，并不是最聪明、最有天赋的，也并非智力超群、才能卓著，更未必体魄强健、背景显赫，而是拥有着最高的精神领悟。

❀ 物质的橙子被赋予了褚时健的精神，所形成的"褚橙"就产生了人们的追捧。那不仅是对橙子的物质需求，更多的是对褚时健个人魅力的一种颂扬。领导者的思想影响和左右着组织的结果，领导者的命运决定着组织的命运。一个领导者对生命和自然规律的领悟是这个组织最大的福报。

❀ 当人的经历轮回在相同的过程或结果之中，就表示他有着造成这个轮回的"种子"，也就是说在自己的潜意识里有着不能实现自己梦想的思想障碍。

❀ "病从浅中医"，时间是有成本的。尽快发现问题，尽早解决问题，可以减少生命为此而付出的代价。

❤ 一切有为都是不为

✿ 巴顿将军说过，衡量一个人的成功标志，不是看他登到顶峰的高度，而是看他跌到低谷的反弹力。褚时健从"烟王"变身"橙王"的经历很好地诠释了这种精神，展现了一个人从无到有、从有到无、再从无到有的生命崛起的过程，闪耀着人性的光辉。

"褚橙"之所以得到很多企业家的爱戴和追捧，是一种平衡，是所有人追随内心感受而在行动上表现为支持。

✿ 一切有为，都是不为。为在人心，是集体意识里共有的对善的理解，它不在于理法，而在于一种平衡的状态。褚时健不做"褚橙"，做服装也会成为"褚服"，这是人内心对此经历的一种嘉许，彰显着人性的伟大。"有的人活着，他已经死了；有的人死了，他还活着"。

✿ 什么是幸福？不是拥有多少财富、地位，而是有多少人在关心和关爱着你；当你有需要时，有多少人能给予你支持。

✿ 一切都是平衡的，不增不减，不垢不净，不生不灭。这不仅是《心经》所说的，更是世界运转的规律。

✿ 什么是真实的人际关系？不是看你给予对方多少，而是在于能够引领对方多少。这是一个修炼的过程。

❤ 接受是觉悟的开始

✿ 语言背后的思想，是人生经历的体验。所谓的悟，就是在经历中能够看见自己、发现自己并为改变自己而做出行动。

✿ 中华祖先留下了极其丰富的人生智慧和敬天爱人的方法。很多源远流长的语言看似朴实，其包含的意义却深刻而久远。

✿ 上课只是懂得多一点道理，接受才是觉悟的开始。很多人很难接受别人的观点，习惯于用自己以往的经历来分析、评价事物。人不知道的总是多于知道的。人的常态思维很容易对看到或者听到新的事物产生抗拒，抗拒会阻碍人对事物了解的程度。

✿ 世界是幻相。了解这个幻想的缘起并遵循这个幻相的规律，在经历伟大的实相中，让自己更有价值，让心灵更加喜悦，这是我们有幸来到这个世间的目的。

✿ 学会接受，才能懂得更多知识，掌握更多技能。过去师傅带弟子，三年里要坚持做简单而枯燥的事，就是在修这个人的接受心。接受是一切的开始，学习是为了掌握和运用而不是对付。

♥ 真正的提升来自行动

✿ 只有愿意在一起，才能在一起！

✿ 知道不重要，行动才会产生结果。懂理法让自己进步不是嘴上说说就能够实现的，知道更要做到，才是最大的效能。要以行动感恩，要由自己的改变带来家庭的精进。

✿ 真正的提升来自行动。经历是人生最好的老师，在经历中觉察并行动才能改变自己、提升自己。

✿ 真实总是赢，只有真实才能链接到真实，真实不是手段，而是你在关系里成长的工具。用好你的真实，并有境界地让你的真实显像，那是一种人生大智慧。

✿ 一切都是交换和等待来的。有人说，这个没有实现，那个不是我想要的，其实得到的都是等来的，没有得到只是还没有等到。

✿ 让更多人帮助更多人，其实还有一个深远的意义，就是要帮助那些值得帮助并愿意接受帮助的人。

✿ 人的很多所谓的问题和思想的纠结都是源自自己的初衷和期

许的落差，落差越大越是想不开。结果只是当初思想的反应。遇到
问题人要检视的是自己真实的思想，而不是现在的纠结。

♥ 结果是因缘聚合的呈现

✿ 这是世界上没有"巧合"，也不存在"偶遇"，只是种下的因
和生出的果，必须要有一定的助缘才得以必然发生。这是客观的轮
回规律，不会因人的意志而随意改变。

✿ 任何事物的成因都要经历三种形态：第一是种子或者是有着
对于这件事情的思想；第二要有能够使这件事物有所发展和成熟的
条件；第三就是最终形成的结果。三种形态缺一不可。比如说：任何
种在地下的种子，如果没有合适的土壤、肥料、阳光和水分，是无
法生长和结出硕果的；而如果只有环境，不存在种子也是无济于事
的。再比如，如果有了好的想法，却没有合适的人和必要的条件，
再好的想法也只能成为空谈。

✿ 世间所有的一切都是遵循着上述的三种形态才得以发展的：
种子或者思想称为因，满足这件事情的必要条件，称之为缘。由因
和缘所聚合产生的结果或者现象称之为果。也就是说，任何事物都
存在着因、缘、果的关系，它是相互依存和相互作用的关系，也就
是互为因缘。

✿ 如何遇到合适的缘呢？修福即是要积攒福报，要获得，那必
然就需要我们先播下福善的种子，播了种子，自会结出果实。修慧
即是要修身养性，提高知觉。要净化自己的内心，以接收更纯净的
能量和信息。只有心明才能见性，才能够有所得。《易经》有云："积
善之家，必有余庆；积不善之家，必有余殃。"佛教中讲的是因果报
应，"种瓜得瓜，种豆得豆"，造什么因你就会得到什么果。

❀ 为什么帮助更多人的时候就容易获得成功？这是因为种下了
善因也就会收获善果。世间大多数的成功者，他的收入并不是单一
地来源于工厂的开工、业务量和营业额的提高，而是源于那些找上
门来的生意。为什么会有那么多的生意、那么多的伙伴找到他？皆
因慕名。如果大家都不知道他，何谈去找他？既然慕他之名，必然
是因为他有好的名声在外。当别人接收到这个信息时，才会去接近
他。如果他本身没有信息发出，他人对他也就会无从知晓。但是，
如果他发出的是负面的信息，就会导致众人远离他而去。试想，如
果他遇到的人并非善良之辈，又怎么会有好的事情找到他？所以，
一个人要想消灾邀福，就必须要常行善事，广积阴德，久而久之，
自然就会感应道交。而绝不应该去盲目地祈求什么"巧合"。

❀ 道家《太上感应篇》云："祸福无门，唯人自召；善恶之报，
如影随形。"事事都是有因有果的，轮回之中貌似无常，实则有律，
多种善业方得善果。这是宇宙运动基本法则的一种反映，善恶到头
终有报，只争来早与来迟。人生是世界的一部分，我们的祖先创建
了天人合一的哲学观，使我们对宇宙人生的统一性，有了高度的认
识和了解。

❤ 智慧与慈悲双修能改变人生的状况

❀ 佛学不是宗教而是教育，是对于一个人要怎样面对生活，应
该怎么面对经历的一种诠释。智慧与慈悲既是佛学的人生观也是改
变命运的方法。

❀ 很多人问我问题，我都会认真回答，并告诉要怎么做，只是
一些人带着自己的观念，这种观念大多是自己由内心的恐惧所形成
的能量匮乏，所以人会常找理由来掩饰自己的借口。

❀ 世界上没有巧合，也没有空穴来风。一切结果都是因缘聚合的呈现。我们常说的这个人有好的机缘，其实是福报的体现。

❀ 当人不能打开自己的心门也就是不能用思想来接受、链接，那怎么能让能量进来。这些年看到在课堂或者课下生活有所改变的人，都是按照规律去思，去做。人知道了因、缘、果，更要践行——信、愿、行。只有这样才能智慧与慈悲双修，才能改变自己的人生状况。

♥ 一个人要修的是"我愿意"

❀ 心智财富学苑的教育体系致力于探索和研究如何通过提升人的心智能量和思想境界来改变生活状态、使生命更有价值的理论与方法。它的出现与存在并不是偶然而是时代的需要，是与人们追求更高精神层次的契合。它不仅是一个课程，更是一种精神，一种信仰，是一批追求提高生命品质、创造人类和谐与进步人士所共有的使命！

❀ 人的行为来自思想，而思想的形成一方面受到过往经历所产生的情绪作用和影响，另一方面来自境界，其余就是家族和基因。但是对人产生影响最大也是最直接的是人的境界。也就是说，人的本能是有惰性的，从外来解读，人的付出是会有成本和失去的，但是内在的心灵是以接受能量的方式来感知世界的，也就是当人有所付出时才能有所得到，有舍才会有得。

❀ 人的智慧就是通过提升境界来完成能量的提升以此形成生命价值的提升。

❀ 人的行动背后是愿意，当一个人愿意付出就会有无数理由，当人不愿意付出也会有无数借口。所以佛要告诉人们的是，当你懂了因、缘、果，更要信、愿、行。

✿ 一个人要修的就是"我愿意"。要做，就给自己一个要去做而且必须做好的理由，并以此来行动。不做就是不做，也不需要告知别人自己的借口。

✿ 这个世界上没有利他，一切都是守恒的，一切都是平衡与圆满，不垢不净，不增不减。也正是有了这种平衡才使人类体验和感知在这一生要学，要修，要进步。这也是一种生命的喜悦与美好！

♥ 世界是全息的

✿ 世界是全息的，所谓全息就是我们与万物彼此都存在于相互依存和互为因果之中，如果我们懂得这个道理那就要在生活中"勿以善小而不为，勿以恶小而为之"。

✿ 心智财富学苑的教育体系是一个渐进的过程：情绪－亢奋－较劲－爱自己、接受自己－提升思想境界－提升能量－觉悟－链接－改变。

✿ 这个世界上只有发现没有发明。我们在生活中的所有经历，都是在让我们不断地发现规律。人的觉悟就是认知规律、掌握规律、运用规律，这就是大智慧。

✿ 人对外在的接收来自于两个方面：一是意识的接收，也就是大多数人常用的对知识的理解和消化；另一个是潜意识，也就是通过在课堂上的集体共振产生心灵链接的感觉。

✿ 一切事物都有其背后的因果链接关系。我们要做的就是努力寻找背后的原因，并将其改变。一个情绪或者行为的改变涉及的不仅是当下的一个人，更广的是与之相连接的所有人、事、物，其意义的深远影响的不仅是几代而是几百代。这就是"蝴蝶效应"的理论在现实中的应用。

❤ 境界是一种利他的精神

✿ 境界不仅是救人于危难，更是在每一件小事上，做到"勿以善小而不为，勿以恶小而为之"。一切都是平衡、都是换来的，而这种换不仅是物质和身体，更是精神。境界就是利他，就是在德行配位。

✿ 小企业管事，大企业管人，百年企业管自己！

✿ 我们祖先讲"厚德"也就是现在西方讲的能量。一切物质的背后都是能量的呈现，是一种精神的承载。

✿ 只有成全别人才能成就自己，这是规律。如果你想要得到什么，就要想到在此为之付出的是什么。

❤ 相同的自己不能创造不同的未来

✿ 人的改变分为三个层次：

第一个层次：愿意，需要，不要。

第一种人愿意通过自己得到的工作来改变自己的生活状况，所以会开心喜悦地早起工作。第二种人为了生活糊口需要早起，无奈地工作。第三种人即使贫困潦倒也不多做一些。

第二个层次：改变有先后。

每个人的悟性不同，有的人因一句话会在生活上有很大的改变，也有的人可能一直没有很深感受，可是突然为一件事情而开悟，付出行动，改变自己的状态。

第三个层次：坚持。

一个人的行为观念，来自累生累劫，冰冻三尺非一日之寒，需要有毅力和决心。

✿ 一个人的改变来自于：愿力、需要，觉悟，行动，坚持。相同的自己不可能创造不同的未来。你的些微改变，不仅是你自己，更多的是因你而存在的一切。

✿ 一切的知识理法都要经过行动才能转化为能量，很多人懂得很多但是还是不能改变是因为缺乏行动。

✿ 愿力、决心才是最为重要的，懂得再多的道理也不如一次行动。

✿ 要想未来有所不同，当下的决心与改变才是最为重要的。

✿ 有心才会有力。有什么样的思想就会有什么样的行动。生活是一面镜子，是自己思想的试验场。

❤ 纯净是正清和融的一种境界

✿ 人的一切的结果都是自己思想的产物。有什么样的生活也就反应有着什么样的思想，生活只是思想的实验场，人是在用自己生活的状况来检视自己的思想。

✿ 一切都是在经历的过程，不存在放下与放不下，重要的是从这个经历中看到自己，觉悟到自己的状态，并做出调整，只有放下才会成为生命的恩典。

✿ 这个世界上没有奇迹，没有巧合，没有赚，也没有亏，一切都是刚刚好。

✿ 思想有多远，不一定能走多远，还要有能量。

✿ 不是要改变别人而是要改变自己。你与外在是全息的，也就是每时每刻地与外在进行互动，在这个互动中，一切的结果都会回到自己的身上，并成为生活与命运的现象。

❀ 没有利他，也不存在利己，这个世界是平衡的，一切都在一种守衡之中，一切都是完美的体验和结果。

❀ 纯净，就是以智慧为起点回到童真，上善若水，不是远离而是适应。不是离人索居，而是在尘世淡定与坦然，不是自己山野修行，而是"大隐隐于市"，看清楚自己和世界的同时，用自己的行动在帮助更多人的同时也提升自己的能力与能量。纯净不是单纯，而是思想清明，正清和融的一种境界。

♥ "我"是一切的根源

❀ "我"是一切的根源，因为有我的存在、我的观念、我与外在的关系、别人对我怎么了，所以才会有丛生的矛盾和我的烦恼。

❀ 世界是全息的，你与人与世界的关系不仅是你自己，你的思想、行为、语言都在随时影响这个世界。古人讲慎独，也就是这个道理。感叹古人的智慧！在科学方法匮乏的年代，就能够悟出人与外在的关系。

❀ 如果我们懂得了"我与世界是一体"的道理，改变自己，就可以改变所有人的关系和状况。

❀ 佛是觉悟的人，人是没有觉悟的佛。佛是位尊者，他用自己改变命运的方法来告诉世人：你是可以改变自己的，用我所悟到和改变的方法，就可以改变你的现状。

❀ 这个世界没有幻觉，我们所接触或者感受到的一切，都是真实的存在——古人受文字的限制所以用"幻觉"来告诉大家，要看到事物的全部而不是窥视一点。今天人们的眼界和文字已然不同，如果仍然用以前的文字来理解就是一种执着。就好像古人讲"金戈铁马"，在现在其实就是汽车坦克，但是我们还会沿用当时的文字吗？不会！所以没有幻想只是要看到和懂得"我"与世界的关系，不是我而是我们。

✿ 世界与宇宙，不是一个概念。宇宙不是幻觉，地球上的人对世界不能全面地了解和掌握其运作规律，更由于思想的局限，所以看待很多事情就不完整。由不完整产生烦恼和焦虑。

✿ 古人或者佛讲的空，不是大家理解的空或者没有。古人的语言和文字不能用今天的文字来解读和理解。佛的教育始终告诉人们，不要执著，不要着相。不要因你现在所感受或者体验到的而产生情绪或者判断结果的认知。要了解事物的全貌，不要只看一点。

♥ 与自己身心合一的链接是与外在链接的前提

✿ "家人"不只是一个名字或叫法，它是有着同频信号的一种链接关系。它不仅是血缘关系，而且是人们内心失落和遗憾的回归。

✿ "忏悔"不是名词，而是动词，是由行动而产生的结果！没有每一次，只有曾经，每一次只不过重复着过往的轮回，如果改变了曾经，留下的只有新的下一次。

✿ 心想事成的前提是自己要尽可能的纯净。只有纯净才能形成与他人或者事物的通道。

✿ 纯净的方法：一是放下头脑，二是跟随或者进入可以让你纯净的场。

✿ 我们每一个人只是一个可以链接的通道。我们要做的就是成为更多人与更高层次链接的通道，这是我们的使命。

如果有"我"的话，就会阻碍你的成长和与更高生命的链接。就好比有些人执着于某种宗教一样。还原自己才是最为重要的。如果你以"我"为前提，或者以其他人为前提就会阻碍你的成长。一个真正的老师是在传递宇宙真相的同时，让更多人与更高生命的链接而不是以自己为首要。

❀ 人就像计算机一样，一方面需要扩大内存提高运转速度——提升境界，另一方面需要清理病毒——人的情绪。很多人总想或者希望通过做个案来解决自己的问题，但是如果没有觉悟，做再多精彩的个案也不会解决问题。

❀ 关系是链接的外显，链接是内在身心合一的关系程度。一个人如果不能身心合一地与自己链接是不可能与外界链接的。

❀ 人在 12 岁左右能量提升，开始要走自己的路——这时候孩子发生了改变，但父母没变。很多孩子过不了心理关，所以用"叛逆"的方式来平衡自己——孩子没有叛逆只是大人有了失去控制的恐慌与失落。

❀ 水是上苍赐予人与外在链接的载体，课程是明理的途径。所以从一定程度上说缺水缺课就是缺德！缺德就会缺少或者失去物质，包括财富、事业、身体、亲子关系、婚姻。

❀ 只有行动才能通过付出和交换提升自己的能量，走出自己的困境。

❀ 人的一切不是简单的情绪或个案处理，而是要提升境界。只有境界提升才能从知道到做到，不然知道再多理法也毫无意义。

❀ 人无法改变，一方面是因为能量低，另一方面是苦或者痛得不够。毛泽东讲过，穷则思变。你的苦或者痛还不够还不足以让你行动。

❀ 能量不够即使有方向，也会像汽车一样，动力十足马力强大，却没有可以驱动汽车行驶的汽油，那么仍然无法到达目的地。

第三章

心转病移

♥ 每个思想都在创造着平衡

✿ 一切都是平衡的结果。自然界中存在着正平衡、反平衡，横向平衡、纵向平衡。但是能量不垢不净，不增不减，不生不灭，只是从一种形态转为另一种形态。

✿ 横向平衡其中一个表现是家庭、夫妻之间维持的一种平衡。如果夫妻中的一个人很精明、会算计，既要少花钱还得质量好，那么另一方就会出现相反的结果——花更多的钱把质量不好的东西买回来，构成平衡。如果还没能用这种形式来平衡，就可能用患相应的病（肛痔、大便干燥等）来平衡。一般规律是两种平衡形式同时存在。当然这种平衡不是唯一的，如果夫妻都精明，那就会用孩子来平衡——孩子花钱大手大脚，或者创造让父母花钱的行为。

✿ 纵向平衡会显现为身体与情绪相对应的各种关系。

（1）子宫的疾病显现与孩子或房子的平衡。

（2）心脏的疾病主要是由对"好"的盼望、希望、惦念、挂念、高兴、兴奋、激动、紧张、担心、害怕等各种不平心理所致。

（3）肺为气之本，肺部疾病多为对未来、前途的担忧等各种不平心理所致。

（4）眼睛的疾病与各种"看"相关联的不平心理有关。

（5）耳朵的疾病与各种"听"相关联的不平心理相关。

（6）嗓子的疾病与各种"说"相关联的不平心理联系。

（7）手的病与干活方面的各种不平心理相对应；肩的病与平辈的各种不平心理相对应；小腿的病与晚辈的各种不平心理相对应，等等。

✿ 人的每个思想都在创造平衡。平衡是自然规律，不是要平衡什么而是要懂得一切都是平衡的原理。每件事情后的平衡结果不是顺应自然就是违背天理；或得到加持，或遭受打击。所以任何事物没有好坏、善恶，一切都只是一种平衡，一切都是平衡的结果。

知道平衡很重要，懂得怎么被平衡和如何创造想要结果的平衡则需要智慧。人可以用自己的思想和行为来平衡想要的或者是不想要的。

✿ "平衡"不只是一个平面而是一个立体，一个点会跟很多点平衡。

♥ "恨"别人会让自己"痛"

✿ 有因就有果，人生的一切结果都是平衡而来，没有巧合。生命中的平衡来自于正平衡、反平衡、上平衡和下平衡。

✿ 何为正平衡？可表现为孩子由于认真努力地学习，实现了家长的愿望，考上了大学。

✿ 反平衡可分为顺向反平衡和逆向反平衡两种。顺向反平衡的表现方式如，家长要求孩子听话，其结果是孩子过于听话，甚至不敢说话，变得懦弱。这是对家长过分严格要求的不平心理和行为的一种平衡。又如：家长盼望孩子长得胖一点，结果孩子过分得胖，甚至形成肥胖症，这是对家长过分盼望的不平心理的一种平衡。

逆向反平衡的表现方式如，家长急切地盼望孩子多吃饭，逼着孩子多吃，其结果是孩子厌食或就是不吃，这是对家长过分不平静心态的一种平衡。又如：有的家长过分担心、害怕孩子得病，结果孩子就有可能并非有意识地用得病来平衡。一般情况下，家长的着急、担心、害怕心理较重时，婴幼儿易出现感冒、发烧等病症；家长有争吵现象时，婴幼儿易出现咳嗽的病症；家长有为钱较劲等心理时，婴幼儿易出现腹泻的病症……

✿ 人所遇到的一切都是与之平衡的结果，所以人不是要往前走多远，而是能够有效清除影响前行的障碍。比如，父母计较就会让孩子有更多计较；父母吝啬就会有孩子花钱无度，或者以学习不好、得病的方式让父母想尽办法花钱；这些都是"下"平衡"上"。

✿ 亢奋情绪对疾病的影响：爱激动的人脑血管不好、爱生气的人容易患甲状腺疾病、不服气的人颈椎不好、害怕胆小的人肾脏不好、疑心重的人胰脏不好、没有主意的人脑袋迷糊、干活生气的人肩周不好、儿女不听话的人膝关节不好、认真的人比较瘦、不激进的人容易胖、着急的人容易心跳加快、高血压、害怕压力的人容易低血压、不爱看的人容易眼花、不爱听的人容易耳聋、操心的人白头。

✿ "恨"别人会让自己"痛"。人感到冤枉、窝囊、委屈的时候，肝会得病。不同的心情能引起不同的疾病，即"喜伤心"，"怒伤肝"，"忧（悲）伤肺"，"思伤脾"，"恐伤肾"，"惊伤胆"。

✿ 人的意念活动和心情波动不但对所想事物有定向性和定位性，而且对人体内的气血产生定向的生理效应和病理效应，包括对身体和感觉两个方面的变化效应。

♥ 治病最重要的是改心

✿ 病理感觉、疾病症状所对应的心理状态

疼——以爱为出发点的气、急、恨、怕、担心、惦念。

痛——以排斥为主的急、气、恨、怕、痛恨（按之加剧）。

麻——麻烦、忙乱、没希望、弄不过来。

胀——大于预计。多了、够了、满、忍、急。

冷——残酷、变坏。冷酷、害怕、心灰意冷、让人心寒。

寒——畏惧、寒心。太残酷、寒冬腊月、寒冷、无法保护。

瘦——缺、失去、减少、没得到。来源少、孤独、不足。

胖——需要而没得到。得的少、各种盼望没得到。

✿ 冷的心情与内脏循环的对应关系

肝。冷影响肝脏的心情是变化、残酷、紧张，而情绪变化开始的过程是生，生对应肝。肝在五行属木，方位属东方、早晨太阳升起之时。当环境由好变坏，人们适应不了，接受不了这种残酷的环境时，就会想躲开。肝主分辨，遗憾、分不清、窝囊、委屈、冤枉的情绪影响肝。肝主筋，筋需要运动，强化肝功能，才能达到耐寒的目的。

心。冷影响心脏的心情是需要、不足、无力。心在五行属火，方位为南方，心主神明、主学。人的身体遇冷后血液流速变慢，是人们身处残酷环境希望改变却无能为力、无可奈何的心情所致。

把各种需求却得不到的情绪改变过来，上述情况就可缓解。在逆境中要想保持好的心情，必须要好的心态，迎难而上，把怕残酷的程序改过来，把困难当成锻炼造就的机会，放弃奢望、欲望，以积极、真心、平静的追求和坦然的努力来改变自己的命运。只有这样血的流量、质量才能改进，心脏的功能才能提高。如果心态不变，不能改变对残酷环境的不平情绪，心情继续下沉，心脏的血液流动会更慢。

✿ 治病最重要的是改心。

♥ **人有身、心、灵三元素**

✿ 病就是不和，《中庸》讲到：喜怒哀乐之未发，谓之中，发而皆中节，谓之和。所以，中节就是和的境界，不仅喜怒哀乐中节为和，诸事中节也为和，所谓中节，用中医讲就是，既没有太过也没有不及，恰到好处。

✿ 天时不如地利，地利不如人和，天地的问题变得越来越简单，越来越容易解决，而人的问题变得越来越复杂，越来越难解决，人与自然，人与他人，人与自己失和了，比如怨恨一个人可能会一辈子，吃一剂药、针灸、动手术，只能缓解不能去根。所以治病要从人出发。

✿ 人有着身、心、灵三元素，这是我们认识一个人必须把握的三大元素，尤其在研究人和的问题上是不能缺少的，现在科学认为世界是由物质、能量、信息三大元素组成，现在科学也揭示了物质和能量的相互作用与相互转化的关系，用人与自然做比较，人的身体对应物质，心对应能量，灵对应信息。这也足以告诉我们，除了物质也就是身体之外，还要注重心也就是思想与能量层面。为什么强悍的身体经不住一个怒火，为什么多年的顽症因为良心的翻转，禀性的松动，一夜而愈，就是这个道理。

✿ 病是不和，病是平衡，病是情绪，病是怨，病是怒，病是放不下，病需要药，需要手术，也更需要认识规律而改变自己因病而发现的思想，因过而得以觉悟，心转病移。

❤ 妇科疾病与情绪的关系

✿ 在这些年对疾病的观察和个案处理研究中发现，大量的妇科病都与夫妻（或恋人之间）生活、夫妻感情有关。妇科有关的人体器官、生理功能状况，都是与夫妻生活相关的。因此，所有夫妻（或恋人之间）生活的"病况"，都转化为妇科器官的生理病况。可以说，许许多多的妇科病，是潜意识在叙述的一个或不满、或痛苦、或气愤、或压抑的"故事"。几乎每个"故事"都有非常具体的情节。潜意识把一切转化为疾病了。

✿ 因为子宫、乳房等器官，除了象征夫妻生活，还意味着生育。因此，妇科病除了隐藏夫妻生活的冲突外，还常常与子女的关系有关。与子女关系不好的女性，患妇科疾病的比例也要比与子女关系正常的女性高得多。

✿ 女性用妇科的疾病还讲述了对自己生育的各种不满、不安、痛苦、气愤、自责、忏悔、压抑和屈辱。当这种情绪强烈到了一定程度时，子宫、乳房等方面的重大器质性疾病，往往可以说是必然的。

✿ 妇科疾病在很大意义上是夫妻病、子女病、家庭病。

✿ 一切的问题都是表象，要懂得透过现象看本质。病，是生命的故事；病，可以让人觉悟；病，可以改变原有的生活方式；病，可以调节原有的人际关系！

♥ 眼部病症与情绪的关系

✿ 当一个人有不想面对、不想看到的人、事、物时，就会部分引起产生眼部病症的情绪：

（1）有不想看见的但又看见了；很难见到的事见到了；不容易见到的见到了；有不愿看、不爱看、不想看的人、事、物，有强烈的反感情绪。

（2）怕风沙吹眯眼；怕蜜蜂蜇人；对风流人物反感等产生的不平情绪。

（3）曾因太阳光、灯光、火焰等存留情绪信息；看不惯时髦、靓丽、前卫的东西；不愿在公共场所露面，怕看见年轻人在公共场所有不检点的行为等产生的不平情绪。

（4）不愿意看的事还要看而引起的情绪压力。如：孩子不听话，管也不听，可还是要天天面对他，不想看可又没办法。

（5）自己认为不好的事怕别人看见的情绪。

❀ 疾病都是来自于情绪，产生情绪后，心智就会创化身体产生反应——既然你有不想看、不爱看的东西，那就不要看了吧。这种思想产生后，心智就会按照思想将这个想法变为现实。所以人的一切都是想出来的，我们每时每刻都在心想事成，我们的一切境遇和结果都是自己想出来的。

❀ 孩子视力问题的原因通常在父母身上。父母的情绪会直接影响到孩子，特别是母亲对怀孕期的孩子影响更大。人说母子连心，母亲的心理变化和反应，都会导致孩子的身体反应。这几年在对心智科学的研究过程中，我们观测到：孩子的心智其实与大人都是一样的，只是孩子的肉身比大人要小很多，还不会用语言来表达。

如何才能更好地与孩子沟通？其实，即使襁褓中的孩子也会与大人进行深入的沟通，只是他沟通的方式不是说话，而是眼神和肢体或者疾病、哭闹。

❀ 宇宙万物都有其规律与法则，那就是因果关系。在牛顿第三定律中也说明作用力与反作用力大小相等，方向相反。在宇宙中投射一个力，必有一个反作用力。当你看到现实中的果，就会懂得那一定是以前的一种力的结果。

在这几年对心智科学的研究中，我观测到恨别人什么，自己就会得到什么。恨别人的孩子，自己的孩子就不会好。瞧不起什么，自己就会没有什么。瞧不起别人的孩子学习不好，自己的孩子一定学习差。这就是平衡，这就是规律，这就是自然，这也就是道。

❀ 这些年来，从许多关于眼部疾病的个案中，我们也观测到：为什么目前孩子带眼镜的特别多，与环境、视力保护、眼保健操、视力矫正其实不存在直接的关系，而是与当今孩子学习的压力太大，竞争太大，从心里不想看书，不爱学习又不能不学习有关。

事实上，以前生活条件不好，很多人在昏暗光线下看书几个小时也没出现过近视的问题。

而现在的孩子压力太大，不想看的课本，不想写的作业太多，这种情绪是造成视力下降的直接原因。而过去人到了四五十岁就会出现眼花，是因为过去一向很认真，岁数大了，心情也发生了变化，很多事情看开了，想明白了，不想再那么认真、那么仔细了。当人有了这种思想时，眼睛就很容易花。

❤ 咳嗽代表没有表达的情绪

❀ 咳嗽是代表有话要说却没有说出来或者不能说的情绪，以及与说有关的压抑。不同的咳嗽代表着不同的情绪。

（1）觉得憋闷、有压力的咳嗽：是由于受到某种"压力"说不出来。

（2）突然的咳嗽：是突然来的压力，或突然的事促使你说不出来。

（3）咳嗽时有痰：这个事物已有结果，但由于某种原因有话说不出来。

（4）干咳无痰：对有些没有结果的事，或说了也没有结果的事，有想说没说或不好说的情绪。

（5）咳嗽时伴有肝部不适：对窝囊、冤枉有关的事，有想说没说或不好说的情绪。

（6）咳嗽时胸腔不适：对保护、担忧有关的事，有想说没说或不好说的情绪。

（7）人多时咳：人多时有话想说，但在公众场合为了面子又没说的情绪。

✿ 咳嗽时的体位和时间代表不同的情绪：躺下咳是和自己家里人有关；站着咳是和外面有关；趴着咳是和情感有关；走路咳是和事业有关；早上咳与前途或者孩子有关；晚上咳与未来有关；下午咳与父母有关；中午咳与兄弟姐妹有关。

❤ 失眠通常是情绪所致

✿ 失眠通常指患者对睡眠时间或质量不满足，并影响白天社会功能的一种主观体验。从身心灵的角度看，失眠其实都是情绪所致。由情绪产生失眠的原因有如下几个方面：

（1）觉得别人有很多事对不起自己，别人为什么会这样对自己，遇到一点挫折就认为自己"命不好"，总是想有好的结果，但现实又没有出现。

（2）对自己做的事不能认可，怀疑自己做的事情会对别人不利，会对别人造成伤害、造成影响。

（3）做了不该做的事情，怕人知道、怕人发现、怕有不好的结果。

（4）有该做而没有做的事情产生的后悔、后怕、怕人发现、怕人知道的情结。

（5）给自己制定了目标，想尽快实现，幻想成功后的景象，强化自己目标视觉化。

（6）对心爱、心仪、想得到的人、事、物而产生的想法、思念、担心、害怕、恐惧、怀疑、嫉妒、愤恨、恼怒、不安、失落的情绪。

✿ 日有所思，夜有所想。白天所想的事情、想不完的事情，到了晚上还会持续地继续想，如果总是想不完、想不过去、想不开，就会形成忧思，为思所困，以致胡思乱想，或者想入非非，最终幻想。这些想法不但无法成为现实，而且会让人思虑过重，造成失眠。

既然失眠是由人的想造成的，那就应该从想入手，解铃还需系铃人，而不是从改变物理的身体开始，那样的话就成了本末倒置、缘木求鱼。

♥ 许多癌症是潜意识制造出来的

✿ 潜意识不仅制造疾病，而且还必然制造疾病的最高形式：死亡。大量的不治之症、绝症，在很大程度上是潜意识制造出来的。也就是说，许多不治之症、绝症，也是我们心中"想"出来的。

✿ 癌症是潜意识运用"隐喻"方式制造出来的许多疾病的延伸与升级。譬如，人有了思想上消化不了的压力，于是潜意识制造出了胃溃疡等胃部疾病乃至消化系统各种疾病。

✿ 大多数癌症患者看上去都有很强烈的求生欲望。求生的欲望与死亡的冲动是事物对立统一的两个方面：一个方面在制造疾病与死亡，另一个方面在追求生命与疾病和死亡斗争，这正是一个完整的人在疾病问题上的完整的心理结构。绝不应该看到一个患者那么迫切的求生欲，就忘记了他潜意识中那种"活不下去"、"不想活"的心理。

✿ 癌症看上去有许多致病原因，如环境污染、吸烟、遗传等，然而，癌症一定程度上是潜意识因自我思想的需要所创造出来的物质表现。

我在这些年所遇到的个案中有惊人的发现，一些癌症患者都曾有想死或者感到压力而有着"活不下去"的情绪经历。

♥ 疾病由心灵创化而来

✿ 人生天地之间，若白驹之过隙，匆然而已！人存在的最深层动机就是对于精神层面的追求，"水静犹明而况精神，而圣人之心静乎"！超越自我是精神追求的最高境界，是以爱、和谐、包容为表现的。精神具有永恒不变的属性，人的一切外在境遇都是内在心灵结构的反映，并由此证实自我的存在。对于精神的追求，人类具有强烈的驱策力和创造力，而这种力量使人有能力为自己创造值得拥有的一切——即使"路漫漫其修远兮"，亦会"吾将上下而求索"。

✿ 身体是心灵外在的表现。用计算机来做个比喻，身体就好比是计算机的机箱、外壳、键盘、鼠标、显示器。心灵就好比是软件程序，存储着人的生命中所有的经历、情绪和结果，并以感觉的形式存储。就像计算机中的文件包，相同的感觉会存储在一起，当现实生活中再度出现类似的感觉时，生命的程序就会自动运行，达成思想所需要创造的结果。思想就是人的价值观，它随时影响着人的心灵——人的思想就像是操作者，点击鼠标找到相应的文件包，打开一点击确定一开始运行。不同的思想会从心灵中调用出与思想相符合的内容。

✿ 当外在事情出现时，不同的思想就会产生不同情绪的需要和反映，就会从心灵中调用出与思想相同的存储信息。由于心灵会忠实地执行思想的需求，于是就会形成身体气血的运化：恐则气下，怒则气上……不同的情绪影响或伤害身体的不同脏腑：恐伤肾、喜伤心、怒伤肝……身体的不同部位都对应不同的情绪，同时，不同的情绪也影响和破坏着对应的机体。情绪对思想产生影响，思想会引导心智对身体做出气血的定向反映。

比如，头部：具有"领导"和"指挥中心"、上级、长辈的象征，部分头部疾病来自于不服气、不认同、不接受等思想。

嗓子：生理功能具有说的意义，所以喉咙疾病来自于与各种"说"相关联不想说、不愿说、说了也没有人听的思想。

牙齿：该部位疾病跟决定有关，源于一直无法决定某事，或与对某些人搬弄是非等言行反感和怨恨有关的思想。

鼻子：鼻窦炎，源于小时候被父母管教得很严格，被压抑、严厉地管教，有想说但又不敢说的思想。

颈椎：对头部起支撑作用，所以与对领导、长辈等人的瞧不起、看不惯、较劲、亢奋等产生的思想有关。

肩膀酸痛：为了平等的事物扛着，责任感太重，扛太多事情，凡事都一肩挑的怨气。

肺：为气之本，肺的功能是总领周身之气，以推动营卫津液布达全身，这方面的疾病来自于对未来前途担忧的思想。

心脏：具有生命功能，向全身血液提供动力，使人体各个部位得到营养、发挥功效。心脏的疾病主要与对"好"的盼望、希望、惦念、挂念、高兴、兴奋、激动、紧张、担心、害怕等思想有关。

腰椎：是一个整体，与对有些重大事件难以承受的思想有关。

胃痛：源自对某些人、事、物不接受、生气、有怨恨，生活、工作、事业、经济压力有关的思想。

肝：和有窝囊、委屈、冤枉、遗憾、隐藏的愤怒或自我压抑愤怒的思想有关。

肾：与对以前选择的人、事、物担心、后怕、后悔，两性之间感情的连接有关的思想。

❀ 人的生活与命运、幸福与快乐、健康与疾病都是通过身体、思想、心灵的相互运行而完成的。在东方的哲学智慧中，将思想动机比喻为心，所以这个心不是人身体中物质结构的心，而是一个人对于生命、自然、宇宙、能量、情绪的认识。心的创化受情绪的影响，不同的情绪就会打开不同的"文件包"。有什么样的心就会有什么样的疾病，有什么样的疾病就会有什么样的命运。

❀ 疾病是心灵依据人心想的"目的性"所创化出来的。有好处就会有需要，当心有了需要，心灵就会依据思想的指引，引导身体创化气血的变化导致身体物理的反应。病是看见和发现自己最好的契机，也是一个检视思想的最好方法。

♥ 疾病的起源

❀ 人要确定疾病的起源，首先要了解以下三个观点：

第一、人不是独立存在的，人具有身体、思想、心灵的三个层面，这三者的关系是相互依存、相互制约、相互作用，共同创造着一种平衡与和谐。

第二、一切事物的存在都有着内因和外因两个方面，内因是缘起，外因是条件，如果只是单一地研究身体物质的反应和变化，是不够完全和彻底的。

第三、存在就是合理的，事物存在有着它的意义和价值。

❀ 人的心智也就是思想（心念）、境界、情绪、智慧的状况，会对疾病的形成产生如下影响：

第一、思想也就是心念在产生情绪的同时，引导心灵创化了身体的反应和物理变化，也就形成了疾病。

第二、情绪会导致身体的气血产生定向流动，不同的情绪就会影响和破坏与身体相比类的细胞和器官，造成身体不同部位或器官的疾病。

第三、疾病是在人的生命和社会化进程中所形成潜意识的一种需要，也是社会的进步及完善的需要，疾病在维持和创造着自然界的平衡。

第四、只要找到形成情绪和潜意识需要的思想心念，通过科学有效的方法将它释放、清除和化解，就能达到缓解、减少、清除疾病的效果。

当我们了解了这一切，并将眼光放远、放长，多角度、多学科内外兼修，可以更全面地认识思想心念，通过科学有效的方法将它释放、清除和化解，就能达到缓解、减少、清除疾病的效果。

第四章

为人父母

♥ 经历不是恩典就是成本

✿ 孩子的灵魂高于父母。孩子是父母提升或者发现自己的最好方式，父母的改变就是在创造孩子的不同。

✿ 孩子在成长过程中需要得到能量。一个人的能量来自于与他人的互动和交换。孩子在家里或者和亲人的生活中不能得到能量，就会表现为与外人相处的时候因需要吸引他人关注而显得多动，通常这样的孩子生命力都很强。

✿ 爱得越深链接就越紧密，但是过于紧密就容易崩盘——因为序位不当会影响能量在系统中的正向流动。

✿ 一个组织与家族是一样的，如果每个人能够在这个组织系统中得到应有的位置和尊重，就能使这个系统运转自如。系统在自然运行中会不断延伸它的外缘，不断吸引与之有共鸣的人、事、物，其表现就是物质与财富。

✿ 只有不断扩大外缘，也就是超越已有的自我，才能拥有更多；利于他人就是从自我走出，就是在扩大外缘。

♥ 让孩子成为神性的自己

教育的本质是上行下效，始之为善；修在于修"受"和修"舍"；爱就是给予或为孩子提供可以促使生命成长的能量。

每个人都带着自己的使命来到这个世界，让孩子成为神性的自己，是一个人成长的核心，也是教育的核心。

一个法则是让每个人以自己为宇宙的中心，你的自我在你的中心，你在你内在环境的中心点——同时连接着身体、情绪、感觉、心理、认知、精神等。当一个人成为宇宙的中心，他就是一个饱满的人、一个有系统的人，生命就会以最美妙、最喜悦、最智慧、充满爱的状态和谐地盛开。

让孩子成为神性的自己，是一个人来到这个世界上应该要做到的。父母要避免用自己的执着抹杀孩子的天性或者说是神性。

孩子与父母之间有一个非常深的连接，教育孩子不是方法而是德行，要懂得智慧的爱。很多父母说爱孩子，但有些并不是"爱"，而是"碍"。

父母焦虑孩子就会焦虑，父母带着很大的恐惧，孩子就会有很大的恐惧。真正"爱"孩子就让自己好起来，让自己的能量不断提升。

孩子是没有问题的，小的问题来自父母，大的问题来自家族系统。孩子过往也许有些行为让你担心，但那都是孩子出于对长辈的爱，为了家族中某人的行为而做出某种补偿，从而做出一些让父母担心的行为。

孩子的一切都是一种平衡，而且是在一个家族中最容易付出或者平衡的。孩子就像砝码，因为他最弱小，在家庭中没有能力来反抗或者阻挠，所以很多孩子就用对自己的压抑或者忍让与养护人交换，来维系自己的生存空间。

教育应该寓教于乐，而绝非基于恐吓基础上的控制。控制欲来自不安全。父母对孩子教育上的恐惧反映出父母对未来的恐惧——父母试图通过控制来掌握孩子的命运，从而让自己的命运有确定感。

教育应该是让孩子认识生命的本质与真相，要给予孩子支持而不是为他们操心。如果教育带来了压力，这已经偏离了教育的本源。教育需要一个人在经历中成长与发现。

❤ 在孩子心灵里播下美好的种子

✿ 十年树木，百年树人。教育孩子犹如培育树木，一切皆由种子开始。孩子的心灵是一片广袤的土地，家长对孩子的教育则是播种培育的过程。如果家长种下邪恶，孩子就会滋长邪恶，泯灭良知；如果家长培植仁爱，孩子就会尊重关爱、同情宽容。父母在孩子幼小的心灵里播下美好的种子，比给予孩子任何财富都更为重要！

✿ 一个人的个性发展，没有什么比爱和善良更为重要的，这是孩子将来乐于参与社会活动的基础和前提，是孩子求知、求美的动力和源泉。有些家长在教育孩子的过程中，却往往从自我出发，从自己的情绪出发，很少或根本没有考虑到孩子的心灵感受而责骂孩子，这种状况很容易造成孩子缺乏责任感，不懂得感恩。

✿ 美好种子的播撒，不是靠强行灌输，更不是以毫无原则的溺爱来换取，它是通过自然而然的影响，恰如"随风潜入夜，润物细无声"的春雨，是一个潜移默化、悄然生根发芽的过程。

✿ 要教育好孩子，最终的出路还是家长要先成长起来，以身作则，从一点一滴做起，通过自己的言行举止给孩子树立榜样，让孩子在感受到爱的同时，培养出爱的情感。只有在孩子的心灵深处种下一粒具备爱、关怀与原谅的种子，孩子才会更快乐地成长，才会有更美好的未来。

❤ 有条件的爱会让孩子学会功利

✿ 所有的事情必须亲身经历过才会真正懂得，孩子也一样，只有他了解后才知道如何选择。在对待孩子的过程中，父母要保有一颗相互平等的心，平等地对待他们。

✿ 父母对待孩子普遍存在以下两种心理：自己未曾做到的，希望孩子能够做到；自己不曾拥有的，希望子女能够得到。自己做不到却希望青出于蓝而胜于蓝，自己得不到的却希望孩子能得到，这就是父母的执着。

❀ 父母有条件的爱会把孩子带进一个功利的社会中。

❀ 很多父母认为：孩子的任务只有一个——读书！得第一名就是好孩子，最后一名一定不是好孩子。在这种观念的引导下，即使把他培养得很优秀，他日后也只追求优秀。他会有条件地看待周围的一切，包括自己的父母，甚至会评判父母的条件好不好。有多少获得成就的优秀孩子，最后瞧不起自己的父母，认为自己的父母不够体面，羞于带父母出场？

❀ 对孩子一生的教育，在于人格的培养，而不是创造亲情的对立。要为孩子创造一个更好的空间，让孩子懂得感恩，懂得包容，懂得爱。

❤ 学习兴趣比学习本身更重要

❀ 在未来的世界中，一个人成败的关键在于他学习和改变的速度。对于家长来说，懂得学习的规律，让孩子学会如何学习，这比学习本身都要来得更为重要！兴趣是最好的老师。学习的第一件事，首先需要培养良好的学习兴趣，这是学习的起点。在幼儿教育与基础教育中，人们最应该关心的问题是：孩子是主动学习还是被动学习。

❀ 每个孩子来到这个世界，会对一切充满兴趣，充满好奇。在好奇心的驱使下，孩子会主动地学习。从事教育工作时，有一点非常重要，千万不要急于让孩子学习更多知识，而是激发和保持孩子的求知欲，这将直接决定孩子未来的成就。

✿ "知之者不如好之者"。有兴趣的、自觉的学习自然会取得好成绩，获得好成绩后，孩子会获得强大的自我认同感，对学习更自信，更能体验学习的快乐，从而觉得学习是一件简单的事。学习任何东西都需要这种感觉——简单。简单地学习，会让孩子拥有自信，拥有内在的自我笃定。轻松愉快地学习，往往事半功倍，会取得意想不到的结果。

✿ 学习涵盖两种状态：一是输入，二是输出。输出前必有所输入。每天 24 小时中，人并非时时都处于可输入状态。当处于不适宜输入状态时，就不适合学习。譬如说，当一个人有情绪的时候，你对他讲什么道理，他一般都听不进去；当一个人专注于某件事情，大脑会完全沉浸于其中。这种状况是不适宜输入的，因为他完全处于不接受的状态，否则适得其反。

✿ 当一个人犯错时，他的恐惧会令他寻找各种理由抵抗，别人也就很难有说服他的空间。孩子也是如此。当孩子想出去玩的时候，如果父母粗暴地逼迫他学习，孩子即使学习了也不会有什么好效果。因为学习和玩耍会交替出现在他的头脑里，只有在一种可学习的输入状态时，学习才会收到成效，而且会学得更快、更有效率。这也就是"一心不可二用"的道理！

♥ 天下没有错误的父母

✿ 我们来到世上的第一个发生，就是出生于一个家庭，这是一种因缘的聚合。生命给人最大的恩典，就是让我们成为人并经历这一生。人从这个经历中看到自己的情绪，也看到自己曾经做过哪些不该做的事。在给别人造成伤害时，也让自己的现实日子不好过。

✿ 很多孩子埋怨父母没有给自己创造好的生活环境和条件，其实这与父母无关。所有的过往，最后的归宿是一次新生，每个人一生中所有的发生与遭遇都是过往修行的结果。天下没有错误的父母，只是我们还不够了解，当我们弄清其中的因果与缘分后，才会真正懂得：没有父母就没有我们自己。这是生命的一种延续方式，更是因缘际会的安排。如果这辈子我们不珍惜父母的养育之恩，也许下辈子仍不会有好结果。

✿ 对父母感恩与报答不是为了别人，一切都会回到自己的身上。在系统中得到一份链接，就会提升自己的能量，人的内在力量建立在家族系统的根上。家庭里对父母很孝顺听话的孩子，即使父母对他很严厉，他对父母仍能心怀感恩的话，日后必有很大成就，生活也必会很幸福，这就是家族能量的链接。让我们在成就因缘中更好地圆满自己吧。

♥ 培养觉性，突破个性

✿ 人一生中最难以突破和改变的是自己的个性，所谓"江山易改，本性难移"。智慧的人懂得，人应该发现和挖掘自己的觉性。觉性就是对生活中的一切事情都能有很深的体会和了解，并且懂得一切经历都是为了成就我们自己，从中看到是什么阻碍了我们不能到达。

✿ 在这个世界上没有对错，每一件事情都在让人体验，让人看到事情深层次的含义，而不是表面那些琐碎的事。

✿ 这一生我们所做的一切，只是做给自己看。我们会记得自己做过什么，到头来只是为了自己心安。本来是想做给别人看的，可最后发现，那个人山人海的世界里，每个人关注的都是自己那点事。我们不是来征服这个世界的，能征服的只有自己。能征服自己个性的人才是真正的强者。

❀ 有人说过："征服自己比征服世界还难"。我们只要一放弃，在放弃的那一刻，这个问题就会变为真正麻烦的问题，痼疾有可能酿成病入膏肓，终至不治。有时候，我们不接受这个人、这件事，是因为我们的瓶颈使然；我们接受这个人，就会想要改变他，可是越想改变，他离我们越远，就像我们越想完成一件事情，不分白天黑夜地工作，最后的结果却是没有完成，连身体也累垮了。

❀ 人的行为都是由思想、个性决定的。思想决定习惯，习惯决定人生。所以，我们的改变要从思想改变开始。培养我们的觉性，突破个性的瓶颈，这也是改变我们命运的重要的开始。

♥ 陪伴孩子心灵成长

❀ 在人的成长过程中，对其性格影响最大的，莫过于幼年时期父母的态度和方式。当孩子长大后，他所经历的事情和所受过的伤害，皆由自己的性格造成。所以说父母对待孩子的态度和方式，会直接影响孩子以后的习惯和价值取向。

❀ 人格成长与自我价值感的获得，最重要的阶段是在 12 岁以前，它以在父母及成长环境里所获得满足的"无条件的爱"的多少为依据。在此阶段，对孩子的教育最重要的不是使其获得知识，而是在孩子心灵方面的培养。孩子的每一次成长，对父母而言也是一次很重要的提升。

❀ 人的性格与习惯来自于情绪，而情绪的产生又会形成自然的接受情绪和对抗的接受情绪。有效地面对这些情绪需要父母拥有智慧的觉察能力，如：看到孩子不如我们之意时，首先应该想到，孩子与我们是不同的个体，他在性格、兴趣、习惯上都与我们有很大的不同。

✿ 孩子有自己的天地，也有自己的感受。我们不应该把自己的喜好强加于孩子，希望孩子和自己一样。父母如果想将自己的一切灌输给孩子，并希望孩子和自己一样有着共同的兴趣爱好，那是不可能的，否则最终只会导致孩子产生逆反心理，或者经常压抑自己不愿意的情绪。

✿ 孩子心灵的成长需要肯定、自由、情感、宽容、梦想，也需要面对挫折，所以教育孩子学会自助，给孩子一个健康良好的家庭环境，是我们为人父母者给予孩子最宝贵的财富。父母重视孩子的心灵成长，就要与孩子在一起，与孩子共同经历。只有更多地了解自己，了解孩子的内心，才能步入孩子的内心世界，才能为孩子提供一个良好的成长环境。

♥ 教育孩子是自身蜕变的过程

✿ 父母教育孩子的过程，其实是一次自身蜕变的过程。我们早已认同的那些生命理念，会在教育孩子时发生改变，我们的灵魂也会再一次得到提升。时代在进步，孩子身上有着很多父母不具备的优势，教育方法也在不断地改善。作为父母，应该与孩子共同成长、共同提升。

✿ 孩子是父母心中最柔软的部分，对待孩子的方法通常来自于父母的一种本能。父母对子女总有一种歉疚——大部分父母潜意识里觉得自己还不够好，都想成为天下最好的父母，于是父母背负了沉重的罪恶感。孩子有时候会利用父母这个弱点，不仅心安理得地享受父母的爱，甚至会对父母颐指气使。

✿ 人生活在大我中，也就是时间、空间、物质、能量共同组成的系统中。人植根于此并受大我的控制，同时也从大我中汲取全部的智慧和可以享有的一切。但是，人自身的执着、分别与妄想，会让人忽略本我与大我的联系，也阻断了我们自身潜在能量的流动。

❀ 在大我中，每个本我的个体都是透明的，相互依存、相互纠缠。当你让别人不好过时，同样也被一种力量驱使让自己不好过。因此对于父母来说，教育孩子不只是一种责任和义务，同时也关联着自己的快乐与幸福。

❀ 很多时候，我们总是希望别人给自己带来快乐。事实上，我们应该换位思考一下：我们现在最想要得到的是什么？是否愿意把它送给别人？当我们能够做到把快乐与别人分享时，就意味着我们放下了内心的固执，成全别人就是在成就自己。

♥ 孩子是父母的化身

❀ 孩子的任何反应都是父母的一面镜子，在镜子里我们会看到怎样对待孩子，就会造成怎样的结果。

❀ 每一个孩子都是独特的，当我们了解到孩子的世界时，就会知道如何修正与孩子的关系，如何调整对待孩子的方式，如何和孩子一起学习，如何让孩子成长得更快，如何让自己成为更成熟更有智慧的父母……这才是对孩子真正意义上的好，这是为人父母智慧开启的过程——放下自以为是，放下自己的道理和执念。对待孩子的方式改变，结果自然也会跟着发生转变。

❀ 孩子是父母的化身，父母的一言一行都会对孩子产生潜移默化的影响。在孩子身上会折射出父母为人处世的哲学和做人准则。如果父母自私，孩子就会养成爱占小便宜的习惯；如果父母骄傲自大，孩子就会目中无人，唯我独尊；如果父母不尊重老人，孩子就会目无尊长。父母给予儿女的示范作用，在生活点滴中无处不在，无时不有。

❀ 育人先育己，父母要想教育好孩子，就要首先教育好自己。只有我们懂得为人父母的智慧，才能打开孩子的心扉，走近孩子，理解孩子，成为孩子的朋友，和孩子一起享受广阔的蓝天，灿烂的阳光，和孩子一起喜悦地成长，一起努力开创美好的未来。

♥ 关注孩子，从塑造心灵开始

❀ 关注孩子，请先从塑造孩子的心灵开始！只要你能够为孩子塑造一个健康美好的心灵，就犹如为孩子铺就了一条鲜花盛开、遍洒阳光的宽阔大道！

❀ 一个人的成功不在于他的官位有多高、财富有多少，而在于他对孩子的教育与培养究竟有多少。我们之所以关注孩子的成长，是因为他们不仅是父母的化身和影子，更重要的是，他们是父母人格的再现与家族的传承。

❀ 对孩子的培养与教育不仅仅关系到一个家庭，更关系到整个社会的未来。如果孩子没有培养好，造成的损失是无法弥补的。因为每个人的人生都不可能推倒重来。所以，一个人是否拥有真正的成就，在于他能否培养出一个有良好的行为规范、懂得感恩与敢于承担责任，并对社会有所贡献的好孩子。

❀ 关于如何为人父母的知识，绝大部分来自于上一代的经验。我们大多数人都没有受过"父母如何做得更好"的教育。伴随着科技的发展，人类社会的进步以及文明不断地提升，人们早已不再满足于生存与温饱的需要，而是开始关注如何更有效地发挥内在潜能。只有使孩子拥有健康的心灵，才能充分发挥他的潜力，有效地挖掘他的潜能!

✿ 在人类成长的过程中，我们不仅是孩子的父母，同时也是自己父母的孩子。我们如何扮演好这个双重角色，处理好这种上下关系，不仅仅是我们这一生需要追寻的，同时也是我们生命永恒的主题，更是为人父母者要学习的一种人生智慧。

♥ 父母要成为孩子的榜样

✿ 家庭是孩子启蒙的摇篮，家长则是孩子的第一任教师。家庭系统的建立，是塑造孩子性格的重要基础。孩子长期生活在什么样的环境氛围里，耳濡目染，他就会受到什么样的影响，也就形成什么样的气质。教育孩子要从父母自身做起，从建立家庭系统连接做起。

✿ 如果将孩子比喻成树的话，那么，只有创造良好的环境，浇灌适宜的养分，他才能茁壮地成长。为人父母者真正需要做的，就是自己要成为孩子良好的环境，给予孩子正确的思想、价值观、爱和关怀，这才是孩子需要的最好营养。

✿ 对孩子一生都会产生影响的教育，是人格的教育。人格的教育，在于让孩子学会控制情绪，建立积极的价值观。在孩子与家长的相处过程中，家长的一言一行都在直接影响着孩子，对于孩子将来的生活习惯、性格、人格、情感等的形成，都有着非常重要的影响。

✿ 为人父母者应该从自身做起，给孩子树立一个好榜样，成为孩子学习的好对象。孩子良好的个性，需要我们用爱去塑造，如果我们鼓励、赞扬、肯定、支持孩子，就会让孩子充满自信；如果我们批评、指责、打骂、否定孩子，孩子就会变得无所适从。

✿ 为人父母者要本着对孩子终生负责的态度，给孩子营造一个良好的家庭氛围，建立起家庭系统，让孩子形成良好的个性。

♥ 父母就是孩子成长的环境

✿ 自然界中一切存在都是合理的，都是因为被需要。一个企业的发展也是自然界中的一种需要；企业不是倒闭，而是不被需要。死亡也是一种自然平衡。

✿ 一个人的存在是为了平衡另一个人的存在。所以当一个人不能付出与交换时就会出现很多问题。

✿ 人因价值而存在，一个人爱孩子和父母，这是最基本的价值。爱孩子和父母就要让自己过得更好。

✿ 让孩子好，就要给孩子一个尽量纯净的环境。很多孩子的问题是因为缺乏纯净的环境，这些问题源于在平衡与价值中多了一些甚至是很多负累。

✿ 万物生长都是环境所造就——一个人的成长背后不是教育，而是环境。父母就是孩子的环境。孩子的问题都是父母造成的，而很多父母是因孩子的不孝而亡。

✿ 一切都是换来的。很多人知道但是不去行动，是以为自私与狭隘或者是贪婪，不愿意付出自己的能量。一味地索取不会很久，一切都是平衡，成全别人成就自己。

✿ 千金散去不如为一个人讲法，为千人讲法不如放下一个人，放得下，世界就是你的。

♥ 有多少期许就会有多少失望

✿ 人其实很简单，孩子生病的根源通常不在孩子而在父母。在生病的过程中，孩子用他自己的方式来让父母看到需要提升和改变的地方。真正爱孩子的父母愿意为了孩子的幸福而改变和成长。

✿ 有的人嘴上说爱孩子，但是做的事情却是在害孩子、消耗孩子的能量。让孩子的生命有所不同的意义深远，影响小至家庭，大至社会。

✿ 不提升能量，遇到再棒的大师也没有用——就像有病吃药了，但是回家不能按照医生嘱咐去做，生活还是一样。

✿ 外面的世界只是一面镜子，反映的是自己的内在。

✿ 有多少期许就会有多少失望。帮助人首先要有觉悟，懂得你要帮什么、什么是帮助人。

♥ 能量提升可以延缓或者消除死亡的念头

✿ 人的能量在传递中有一种规律，就像在我们银行的存款，总量有限，如果没有增加，那么买了一些东西后就可能不能买另一样东西了。

✿ 有些孩子的死亡与父母曾经有着想死的经历有关，孩子与父母的关系会影响孩子将父母死亡的念头接收到自己的潜意识中。

✿ 有过死亡想法的人，常常会在婚姻或财富上有所缺失。

✿ 能量提升可以延缓或者消除死亡的念头。

✿ 对孩子的教育中，有两件事是必须面对且不能回避的：一是人与钱的关系，二是对于孩子生理需要应该有正确的认知和解读。

♥ 病是内心的语言

✿ 身体的病是内心所要表达的语言。思想创造一切，改变思想身体也会有所改变。

✿ 病的好处是可以挽救婚姻，可以得到爱情，可以得到怜悯，可以得到关怀，可以得到同情，可以得到抚慰，可以让远离的人回来。

❀ 很多时候孩子生病也是自己生命成长的一个过程，因为在孩子的体内有着需要成长的元素，也就是对于外在能力的适应。

❀ 孩子的有些病的问题是大人造成的，比如孩子咳嗽是有想说但说不清楚或者不能说的情绪。孩子的感冒发烧如果比较严重，从情绪上解读，很可能是最近有让孩子生气的事情。孩子的病是一种言语，是表达内心的一种方法。

❀ 孩子会通过身体的反应来告诉大人要怎么样。孩子生病时，父母可以向孩子忏悔，告诉孩子如果父母有什么做的不对的地方，希望他能原谅，一定要认真。孩子的灵魂高于父母，他会理解也会懂的。

❀ 研究孩子教育的人要对心灵有所解读和了解。

♥ 做自己的主人

❀ 做自己的主人，就拥有自己创造自己的权利。自己创造自己意味着不把创造自己的权利交给别人，意味着不被他人强制性地闯入你的内在而塑造你，意味着不成为任何人的复制品。人通过自由支配自己的身体和行动而获得尊严，通过自由使用其选择能力而获得意识上的独立，通过没有干扰、独立工作而获得思想上的独立。

❀ 人既是物质的存在形式，也是精神的、非物质的存在形式。人的精神来自精神世界，而在这个物质世界中，人要通过躯体彰显精神的真实。灵魂灌注生命，使物质的躯体鲜活起来，使人拥有了生命体，而心灵通过物质的躯体反映出的知觉，包括感觉、欲望、憎恨、直觉、冲动和激情等，来显现其存在。

❀ 一个越接近完整的人，越会接受灵性的指引以彰显精神；一

个越无法接近完整的人，就越被桎梏在身体的层面以满足各种生理
的需要，而无法彰显作为人的精神本质。

✿ 人精神世界的障碍来自身体、情绪、感觉、心理和认知。只
有精神世界不被障碍，人才有自由，不被限制，才能创造出自我。

❤ 孩子的一切行为都是一种链接

✿ 存在就是合理，病的存在也是因为人对其有着一定的需要。

✿ 孩子的一切行为都是一种链接，与好的、喜欢的进行链接，
产生行为。对于孩子不好的习惯，父母要懂得将这个链接打断或者
改变的道理。

✿ 孩子问起已故的亲人，成人可以告诉孩子他们不在了，不要
骗孩子。可以找这个人的像，全家人在一起与他进行一次认真的链
接。如果是长辈，可以全家人一起追忆过世亲人的往事，这样做会
让孩子懂得尊重，更是一次和过世亲人链接的过程。

❤ 孩子的灵魂高于父母

✿ 孩子与父母的关系是复印件和原件的关系。孩子的问题是大
人的行为与思想、家族能量传递以及与孩子链接关系的结果。父母
要为孩子营造健康的成长环境，技术和方法不重要，懂得规律是最
重要的。

✿ 孩子的灵魂高于父母，并以自己所能表现的状况来让父母发
现自己、成就自己。

✿ 孩子可以看到和感知到一些大人看不到的东西，不要反对孩
子的表达，要支持，即使大人听不懂也要表示明白。家中人多会给

孩子更多的安全感，家里的气场和摆设对孩子也很重要。

✿ 在教育孩子认识金钱和使用金钱的过程中，家长们要注意以下问题：

（1）告诉孩子自己家庭的真实经济状况。

（2）教育孩子树立正确的金钱观念。

（3）对孩子的消费进行引导。

（4）及时制止孩子不正当地获取金钱的欲望。

♥ 儿童成长是创造自我的过程

✿ 做父母的要懂得从孩子的状况中看到自己的缺憾，孩子的灵魂高于父母的灵魂，是在成就和拯救父母。

✿ 儿童与大人一样，成长不是教育和灌输的过程，而是探索人生规律的过程，是一个不断破译生命密码，创造自我生命的成长过程。

✿ 父母在不断教训孩子的时候，孩子其实是在充当父母的心理医生。

✿ 孩子的问题通常来自两个方面：一个是父母的紧张压力，也就是父母在过往经历中产生的情绪；二是家族能量的流动。

♥ 对父母修"受"，对孩子修"舍"

✿ 人生就是修行的过程，对于父母修"受"，对于孩子修"舍"。当你能感恩父母的时候，父母的缺点就会成了你自己的优点。当你遇到失败和挫折时，你还能感谢，你就能从中学习和成长。抱怨是对自己的惩罚，感恩是对自己最大的福报。

✿ 父母对孩子的付出是一种很大的力量，付出最好的方式是让孩子学会孝顺。不孝顺的孩子一生会很辛苦，孝顺是深远的功德。

❀ 我们永远亏欠父母。父母是我们的过去。只有与父母的关系圆融才能过好自己的人生。

❀ 很多父母对孩子不是付出而是牺牲。牺牲的本质是对于人的控制和压力，而付出是欢喜的、喜悦的。付出是有力量的、快乐的，是无量功德。孩子不是父母的，将孩子的一切还给他自己。

❀ 所有关系可归纳为两个，一个是受，一个是得。同情与慈悲是不同的。从同情到慈悲是智慧，因此所有的苦都不要抱怨。修"得"的人就要懂得修"付出"和"舍"，你越愿意给越能得到，所有的"得"都是"舍"来的。

❀ 人有两种苦，一种是受不了，一种是得不到。受不了就是在修慈悲、感恩；得不到就是在修喜舍，付出是快乐喜悦不求回报的。

♥ 孩子不属于父母

❀ 在孩子成长道路上，需要父母的扶持与帮助，而这种帮助是为了让孩子今后能独立面对生活，拥有独自生活的能力。比如教孩子学走路，最开始一定需要父母在身旁照料，但这并不意味着父母自始至终都要在旁边搀扶。当孩子能够自己站立并迈开步子时，哪怕站得不稳，哪怕只是迈了一小步，我们也应该学会适时放手。

❀ 千万不要用孩子来满足我们自己的成就感，孩子不是我们成就感的来源。

❀ 身为父母，我们应该明白教育孩子的责任，要让孩子学会为自己的行为负责，切不可随意剥夺孩子履行责任的机会，要教育孩子为自己的过失承担责任，这才是真正爱孩子的表现。事实上，孩子出现过失时通常就是教育孩子最有利的时机。

❀ 每个孩子在来到这个世上时本来都是很快乐的，却被父母亲教育得不快乐了；孩子本来学得很好，觉得学习是件很简单、很容易的事情，可是往往却会被父母教育得觉得学习是件很困难的事……天下没有错误的孩子，只是很多时候我们做父母的用错了方法。

❀ 佛经说：父母只有对孩子的抚养权，没有对孩子的所有权，孩子不是父母的，能够理解即是一种尊重，也是一种境界。

❀ 好孩子是教育出来的，而这种教育从什么时候开始？从你的恋爱开始。所以古人非常注重选什么样的人结婚。每个人的到来，不仅是自己，而且带着自己家族的能量，包括习俗和品德，那个时候已经决定将会有什么样的结果。

♥ 教育孩子的重心是教育自己

❀ 孩子的状况都是父母的投射，一个好的父母要把教育的重心从教育孩子转移到教育自己上来。

❀ 当你是一个完全无恐惧的父母时，你的孩子才能自然成长。如果你恐惧，那就是在教孩子恐惧；如果你愤怒，你是就在教孩子愤怒。在孩子的问题上，存在焦虑、担心或期许，那一定说明自己的内心深藏恐惧，有着自己没有得到满足的失落。

❀ 孩子的行为都是让我们看到自己曾经的缺少，我们在这个世界上所看到、经历的一切，都是在让我们觉悟。孩子是父母的影子，不是孩子的问题或者怎么样，而是自己的改变，这一点是规律不是真理。

❀ 任何事物的存在都是内因和外因共同作用的结果。一切都是守恒的，对外界施一个力就会得到一个相反的作用力，因此外在境遇只是内心世界的一面镜子，反映着人的内在心智结构。当人执着于事物所产生的结果和现象时，就会失去对初衷的了解和觉察。

❀ 任何事物产生的结果都来自行为，行为来自选择，而选择来自思想也就是人的行为动机。人只能够做出思想范围以内的选择，而不会有超越思想范围以外的行为。当每个人所面对的外在境遇相同时，只是由于个人的思想不同，才导致了行为与结果的差异，从而形成了不同的生活与命运。

❀ 思想的形成受控于外在意识的体验和内在潜意识的感觉。意识是人通过眼、耳、鼻、舌、身接触外在事物所产生的体验，输入大脑进行分析和判断，它是事物有形的外在表现，可以用质量、重量、高度、颜色、形状等来量化，是可以辨别和区分的。

而潜意识也就是人的心智，它是通过接受外在体验的信息，迅速在生命的记忆中搜寻类似的经历，并将当时经历的情绪和结果调用出来，在头脑中形成对这个事物的感觉，同时产生思想以及身体的行动和最终的结果。

潜意识所创化的感觉是无法量化的，它表现为直觉、感受和本能反应等。在潜意识中存储的所有信息组成了人的心智结构，它既创造了人的幸福与快乐，也导致了人的烦恼与痛苦，它对人的生活与命运起着主导和支配的作用。

❀ 人对一些状况会感同身受，是因为当下的状况与自己的内在产生共振，并促发了人潜意识中的细胞记忆。

♥ 不同选择会创造不同的结果

❀ 事事都有因果，都是一种平衡。我们每一个人都带有在过往经历中所形成的细胞记忆，并影响和作用于我们的生活与命运。

✿ 智慧在于用心地行动，只有行动才能让自己有所不同。不经一事不长一智，有舍才会有得，欲求文明之幸福，必经文明之痛苦。我们生命中的一切都是换来的。

✿ 人有选择的权利，不同选择就会创造不同的结果，关键是自己要什么，有得就会有失，这是平衡的原则。

✿ 人要通过提升境界来提升能量，懂得、接受、臣服、链接，不计较，不拉扯。

✿ 孩子在一个陌生的环境与大人一样都会有不适应所带来的恐惧和压力，不是孩子不想上幼儿园而是有着对新的环境的恐惧感。做一个有智慧的父母，就要从孩子的表象看到实质，将课堂上学过的知识用在生活中。

✿ 所有的父母都希望自己的孩子能够拥有幸福快乐的一生，但现实却往往事与愿违。这是因为，与我们的上一代相比，在这个科技更发达、社会更进步的时代，绝大部分父母都需要更努力地工作，而且工作时间更长、压力更大，导致了与孩子进行有效沟通和生活的时间不断减少。

日新月异的高科技在提高人们生活品质的同时，也大大降低了孩子们的动手和动脑能力，使孩子失去了许多本应有的人生体验与成长经历，甚至造成了父母与孩子之间的隔阂，伴随而来的就是孩子缺乏对自我价值的认可，不能掌控自己的情绪，易怒、烦躁，学习热情下降，以致采用反叛家长、学校、社会的方式来证明自己的存在价值。

♥ 培养孩子健全的人格

✿ 人格是一个很复杂的系统，目前心理学家对人格的界定为：

人格是构成一个人独有的思想、情感以及行为的一种稳定而统一的心理品质。人格包括个人的人格心理特征和人格倾向性两个相互联系的方面。人格心理特征包括能力、气质、性格，这些心理特征在不同程度上受先天遗传因素的影响，相对比较稳定。人格倾向性包括需要、动机、兴趣、价值观、理想等，主要在后天社会化过程中形成，集中反映了人性独特的一面。

✿ 所谓的"健全人格"主要是指各种良好人格特征在个体身上的集中体现，关于健全人格的特征、标准问题，不同的研究角度有着不同的见解。阿尔伯特提出人格健康的六条标准为：（1）力争自我的成长；（2）能客观地看待自己；（3）人生观的统一；（4）有与别人建立和睦关系的能力；（5）人生所需的能力、知识和技能的获得；（6）具有同情心和对一切生命的爱。

✿ 每一个孩子在出生之初都有可能成长为"神童"。但是，如果在"神童"成长之初父母只关注孩子的学习，忽视了智力因素之外的人格教育，并且没有针对性地采取措施塑造孩子的人格，就会导致孩子存在各种人格缺陷，由"神童"变为"庸才"。

例如有些孩子以自我为中心、承受挫折的能力差、任性、偏执、人际交往困难等。孩子的人格健康，不仅关系到其身体的正常发育，还决定着孩子今后的人生走向。家庭被称为"创造人类健康人格的工厂"，所以，作为父母，我们必须要认识到：培养孩子健康的人格和良好的品质比学知识考高分更为重要。使孩子具备健全的人格，就是身为父母的我们送给孩子的最好礼物。

✿ 不要用大人的生活标准来看待孩子，一方面你的世界不是他的世界，另一方面请给予孩子自由和爱，这才是最重要的。

✿ 人与人之间有着心灵的链接，这个链接来自于恐惧和慈悲。

♥ 父母与孩子的链接是一切链接的基础

❀ 物有本末，事有终始。知所先后，则近道矣——事事都有其发展规律，都有其因与果之间的联系规律，而对于规律的认识、掌握和运用就是人生最大的智慧，教育孩子亦是如此。每个孩子都有其天性和禀赋，都是一个独特而且独立的个体。所以，对于孩子的教育和培养不能照搬硬套，而是要懂得孩子的成长规律，了解孩子自身的特点，塑造适宜自己孩子成长的环境，才能够使孩子幸福快乐地成长。

❀ "近朱者赤，近墨者黑，染于苍则苍，染于黄则黄"，人一生的行为都是在父母及周围人的耳濡目染中形成的。

人在过往经历中所存储的"细胞记忆"会以触"境"生情的方式影响父母的思想，而这些思想又将在父母的身体力行中影响孩子的人格成长。

当孩子还在母亲的肚子里时，就已经开始接受教育了——如果母亲很有知识，那么孩子就会很聪明，很有学问；如果母亲在怀孕期间爱发脾气，那么孩子出生后，脾气也一定会很大；如果母亲很倔强，不听别人的劝告，那么孩子出生后也一定会很犟，不接受别人的劝告……父母的言行举止决定着孩子的脾气禀性，父母与子女之间的关系是人类所有关系中最为直接的联系。

❀ 父母是原件，孩子就是复印件。身教胜于言传，父母必须不断地成长，不断地提升能量，才能真正地给予孩子一个更好的成长环境。

❀ 孩子的成长并不是教育和灌输的过程，而是孩子探索世界的过程，是不断破译生命密码创造自我的过程。

❀ 每一个人都不是独立存在的，都与自己的家族成员和先祖之间存在着一种必然的链接。每个家族都有属于自己的生命频率，在不断地传递着先祖的遗传信息（比如性格、思想、行为、疾病、趋利避害的方法等），也就是我们常说的遗传基因。

父母是链接家族和下一代的纽带——我们的未来都源于自己与父母的关系。当我们不孝顺自己的父母时，就会失去或减少与家族的链接，就会减少孩子生命成长所需要的能量来源。很多孩子的问题都是失去与家族能量链接所产生的。

✿ 人是因能量而存在的，人会因家族能量而在生活中得到护佑或受到磨难。

✿ 在家族系统中，每位成员都有同等被尊重的权利，这是家族系统中的基本秩序。人只有遵从这种秩序才能使家族能量达到平衡，才能更好地创造幸福美满的人生。如果父母与子女之间的能量流动受到阻碍产生郁结，就会导致家族能量运行不畅，孩子就会产生爱的匮乏，甚至陷入心理困境，产生恐惧、回避、无助、自卑等情绪。如果我们不能及时疏通家族能量使之正常运转，孩子就可能会出现性格缺陷、亲密关系障碍等状况。

✿ 在人的所有的链接中，父母与孩子之间的链接是一切链接的基础。

♥ 帮助别人首先要做好自己

✿ 很多时候，我们看到父母、老人变得衰老了，其实是因为孤独让他们内心衰老了，他们需要的是更多的关心、理解和尊重。

✿ 有的老人活着，但内心已经死了。这个死，是最亲近的人的种种作为将他们置于了死地。哀莫大于心死，做儿女的一定要懂得如何尊重父母、孝顺父母！

✿ 对父母最大的好就是让自己生活得更好更幸福，懂得孝，更要做到顺！做好子女的本分，将生活中的爱和感动传递给自己的父母。

✿ 一个人只有提升能量才会影响、支持周围的人。让更多人帮助更多人的第一步，不是帮助别人，而是让自己能够提升能量、变得更好！

♥ 孩子的问题就是父母的问题

✿ 真实总是赢，有智慧的真实是人一生最要修的一门功课。每个人都愿意与真实的人在一起，人与人的心灵是链接在一起的，一个人的思想改变就会影响与之相关的人、事、物。

✿ 当我们懂得人与人之间相链接的过程以及这个世界的规律时，很多事情就很好解决了。比如怎样理解"孩子的问题就是父母的问题"，孩子与父母是以同一个频率链接的，孩子的一切状况都能让父母有机会看到自己。当父母看到自己的状况，有效找到在自己身上的错误链接，并能够断开，重新链接上应该链接的部分，孩子的"病"自然就会有所改变，这不是道理是规律。

为了孩子幸福而努力的父母，他们的伟大在于有愿力让自己和自己的家庭由此而改变，并在行动中提升了家族能量，这个意义极其深远。

✿ 西方心理学是研究他人，而东方文化讲自修。"一切都是自己，自己即是一切"，这是规律，是更有效的解决方案。

✿ 人的一生是需要成长和经历的，但成长需要勇气、决心和愿力。"让更多人帮助更多人"的意义，不是要帮助所有的人，而是要帮助那些需要帮助并且值得帮助的人。心智财富学苑的教育体系以及技术方法就是要帮助有愿力和需要成长的人。

♥ 尊重是一种人生智慧

✿ 人类社会祖祖辈辈繁衍生息，是因为孩子从父母和祖先那里遗传和接受可以维系生命的能量，在这种能量中还有着先祖所传递的趋利避害的生命信息。我们每个人来此一生的能量来源第一个也是最大的就是和父母的关系。

✿ 尊重是一种人生智慧。每个人都有生存的权利和价值，也都有其人格表现，都具有需要得到尊重的心理需求。孩子也是人，也一样具备思想和人格，也需要我们的尊重。

当我们懂得尊重孩子的个性差异、尊重孩子的兴趣、尊重孩子的选择和尊重孩子的人格时，孩子的能量就会得到不断的提升。所以，作为父母，我们要想教育好孩子，首先就要尊重孩子。

✿ 人的很多问题的根源都是链接错误或者是与其他事物发生了不必要的链接。断开现有不必要的链接我们就能走上自己想要或者希望的路。

♥ 利于他人就是走出自我

✿ 让孩子的心灵与父母链接起来，才能和家族成员进行有效地链接，只有穿越我们常有的意识，进入心灵层面，才能与更大的能量场链接。

✿ 家族是一个系统，某些人属于这个系统，但不是所有人都在这个系统之内。在这个系统中要让出空间给予每一个人进入系统的位置，把尊重还给应该有的人。

✿ 一个组织与家族是一样的，如果每个人能够在这个组织系统中得到应有的位置和尊重，就能使这个系统运转自如。系统在自然运行中会不断延伸它的外缘，不断吸引与之有共鸣的人、事、物，表现出来的就是物质财富。只有不断扩大外缘也就是超越已有的自我，才能拥有更多。所以利于他人就是从自我走出，就是在扩大外缘。

✿ 人的心理活动如果上升不到认知层面，就会形成一种障碍，这种障碍又被存储在内部，变成内在的纠结，各种意识的碎片搅拌在一起，变成自己内部生命中的沼泽。如果心理存在纠结和障碍，人就会执着于自己的认知。

✿ 接受教育不仅仅是为了获取知识、改变未来生存的际遇，更重要的是获取真理。马斯洛说：一切的罪恶，都是因为人对人的控制而造成的。爱因斯坦说：想象力比知识更重要。不要控制孩子，给予他一个实现自己的空间。

✿ 人通过自由支配自己的身体和行动而获得尊严，通过自由使用其选择能力而获得意识上的独立，通过没有干扰、独立工作而获得思想上的独立。

♥ 父母要关注孩子的内在感受

✿ 一个人受到的影响来自三个方面：成长需要、家庭环境和家族能量。首先我们要了解：我是怎么成为现在的样子？孩子怎么被父母复制成这个样子的？从孩子身上看到和发现自己需要成长的地方。每个人都生活在家族的系统中并受其影响和作用。如果想孩子有所不同，家长就必须要在自己的思想、言论、行为和情绪方面有所不同。

✿ 父母才是伤害孩子的最大来源。当我们说爱孩子的同时，我们的行为、语言、情绪却在不断地伤害孩子、贬低孩子。改变一对父母不仅仅是救了父母，更重要的是解救了一大批孩子。

✿ 父母的智慧在于懂得关注孩子的内在感受，让孩子感受家庭的温暖。与孩子沟通的目的是让他生命能够得以成长而不是辨清对错。如果道理和情感发生冲突，请你保持情感，如果情感和成绩发生冲突，请你保持情感。

✿ 感觉是将我们古往今来所有人连在一起的一种延伸。它们在主观和客观之间搭起了桥梁，在个人的灵魂与其众多相关事物之间搭起了桥梁，将个人与地球上的一切生命连在了一起。

✿ 孩子所有的智力都经历了从感觉到概念的过程。通过眼、耳、鼻、舌、身来认识事物，形成概念然后产生这些概念与概念之间的联系。

✿ 感恩一千次，忏悔一万次，不如行动一次。

♥ 与家族能量有效链接

✿ 每一个家族的内部都隐藏着一股动力，家族的每一个成员都会受这股动力的影响，这股动力就是我们所说的家族能量。这股动力对人和家族影响深远，即使发生在很多代以前甚至是不为现代人所知的家族成员所做过的事情，都会对后人产生严重的影响和重大的作用。找到并解读当下出现的状况所要表达和经历的事情，就能使人的生命能量与家族能量进行有效链接，也就能带来生活与命运的改变。

✿ 如果家族中的每一位成员都能按照这个秩序生活行事，那么家庭就会和谐，爱的能量就可以自由流动。如果违反了这个秩序，家族成员就会一代又一代不断复制家族先人的问题模式，或不断地为先人弥补过错，导致一系列的家庭问题。

✿ 如果一个人看到家族中的事情也知道其中的道理，但是却不行动,那么新的平衡就会很快出现。我们每个人都是一个通道,都是一个门户网,当你链接的越多,所得到的信息与支持就会越大,这就是福报,福报不是形式而是链接。

我们的先祖做的好事越多,我们可以链接的越多,通道就越广,自己所体会到的就是人脉或者是物质的资源。

✿ 一个人当下的努力都是很微小的,最大最有效的就是回到原点。处理家族的问题,并为家族成员所做的错误而修漏补缺,这个修补,不在于立牌建碑,而是要提升可以和先祖进行有效链接的能量。

✿ 能够做家族个案的家人是一份福报,因为你有着想要改变的愿力。能够提升能量与家族有效链接的是一种境界,因为你的觉悟和改变,不仅是你自己和孩子的关系,而且是因你而改变受益的所有人。

♥ 让孩子做自己的主人

✿ 0 ~ 12岁是人格形成最为关键的时期。在这段时间里,孩子逐渐定型的人格会影响他的一生,也会影响他的后代和整个家族。作为父母,一定要在这个时间窗口与孩子建立很好的链接,协助孩子输入良好的生命程序。如果错过了,很多事情我们即便付出更大的代价也无法挽回。因此我们没有时间可以浪费!

✿ 养育孩子的过程,也是发现自己、修正自己的过程。不以为人,何以为父母?身教胜于言传,父母只有在成长中不断地完善自己,做好自己,才能够成为合格的父母,才能用正确的方式影响和教育孩子,才能真正地给予孩子一个良好的成长环境。

✿ 人在过往的经历中所存储的"细胞记忆"会以"触境生情"的方式影响和作用于父母的思想,形成父母的言语和行为,并影响着孩子的人格成长。

❀ 作为父母，当发现孩子身上有不好的现象出现时，首先要做的不是批评孩子，而是应该找找自身的原因。管教孩子时，父母难免会失去耐心，但亲子关系原本就不是对等关系，既然父母拥有大部分的权利，当然也就必须要肩负大部分的责任。要想解决互相抨击的问题，关键还在大人身上。

❀ 当孩子犯错误时，一定要在不伤害孩子自尊心的前提下给孩子以指正和建议。维护了孩子的自尊心，就能帮助孩子拥有一个积极良好的心态，使孩子正确面对自己的错误，虚心接受父母的指正和建议。否则，就可能会刺激孩子产生逆反心理。

❀ 孩子产生逆反心理的根源在于家庭教育中父母对孩子的态度。当父母在孩子犯错误时不能让孩子心悦诚服，而是采用粗暴的方式时；当父母对孩子抱有过高期望，而又没有和孩子及时有效地平等沟通时，极可能会导致孩子对父母滋生仇恨的情绪。

❀ 每个人来到这个世界上都带有各自的使命和成长的需要，每个孩子都有其天性和禀赋，都是一个独特而且独立的个体。让孩子在经历的过程中发现自己、还原自己、做自己的主人，拥有创造自己的权利，这是一个人成长的关键——也是教育孩子最为核心的问题。

♥ 链接让能量流动

❀ 孩子的反叛大多是在 12 岁左右，因为这个时候他们在心灵上有了与父母分离的需要。孩子出生时与母亲同在一个能量场中，直到 12 岁，他们的意识上虽然还有被母亲和家庭呵护的需要，但心灵部分却有了独立的渴求。所以在这一时期，孩子的意识和潜意识就很容易形成拉扯，也就形成了所谓的叛逆期。

✿ 人的成长过程实际上是一个心理的成长过程，而不是一个智力的成长过程，智力只是附着在心理成长之上，所以在孩子的青春期更要关注他们的心灵成长。

✿ 孩子反叛不一定是因为父母管的多或者少，可能是因为父母没能和孩子建立很好的链接，只有链接才能让能量流动。

✿ 青春期的孩子开始对性有了关注，这是个人进步的象征。人有着心灵和身体的层次，只有一个人达到平衡才会有对应方面的表现。但是很多孩子过多地饮用含过量激素的饮料或者食品也会出现这样的表现。

✿ 钱是一个人的价值象征，这个象征不仅是这一生也是累生累劫所呈现的一种生命状态。佛经中讲过，不是你拥有钱，而是钱拥有你。一个人是否能够有钱在于几个方面：第一是德性，也就是做事做人的品德。第二是对钱的恐惧，在过往的经历中，有怕钱的种子——有的人很能赚钱，有的人视金钱如粪土。人对于钱与自己的关系不是很清楚，就会在意识和潜意识层面存在拉扯，所以即使有目标也很难实现。第三是家族能量，每个人都是家庭中的一员，每个人的行为都会对整个系统产生影响和作用。

✿ 宇宙的一切存在形式都是平衡的，每个人在这个世界上的每分每秒不是在服务别人就是在被别人服务，在这个互相服务的过程中互相交换能量，获得物质表象。

✿ 若想帮助别人转变思想，首先要转变自己的思想；若要帮助别人提升能量，首先要提升自己的能量。能量来自于在行动中的交换。让对方看到你由思想的改变而创造生活品质的提升，自然就会转变他的思想。

《孟子·离娄上》中说："行有不得者，皆反求诸己，其身正而天下归之。"人的改变就是要让"知道"成为"做到"。

第五章

组织修炼

♥ 人们在一起是为了让生命永续发展

✿ 每个人来到这个世界，内心都有一种渴望，就是渴望自己可以持续不断地进步。加入组织就是为了进步。

✿ 团队必须满足团队中每一个人的需求，否则这个团队就无法永续下去，乃至消失。一个组织的永续在于让组织里的每个人都更好。团队永续了就可以为团队成员创造更多的需求和价值。当团队成员实现自己的价值，从中得到智慧和提升时，自己的生命也就得到了永续。团队与个人之间环环相扣，这叫做生命共同体。

✿ 一个人的生命能否在组织中得以延续，取决于他自己的生命宽度和深度。生命的宽度就是宽容大度的胸怀，即使别人错了，你能允许他错几次？即使别人不了解，你是否还愿意让他错几次？生命的深度就是你的补位速度要够快。

✿ 我们需要不断变换自己的角色，从领导者转换为被领导者，这样才能在领导别人时给别人更多空间，容许别人犯错误，让别人去经历，从而让自己的生命宽度更宽，才能学习到更多，才能更快地补位，让自己的生命深度更深，最后让自己的生命永续。

✿ 一个人的肉体生命是有限的，但是他精神影响下的生命却是可以永续的。当我们有了更多的经历和了解后，就能够换位思考，能够培养自己的胸怀，能够更加宽容待人。如果我们能够不断地扩大生命的宽度和深度，就能以宽大的胸怀待人。那么，我们无论在什么组织，都能够让组织有足够的发展空间，能让组织更好，能让组织永续，能让自己的生命永续。

♥ 组织修炼是一个超越自我的过程

✿ 人很简单，企业经营也是很简单的，因为企业是人的体现，是经营者思想的结果。一个组织的建立很大程度上反映着经营者对于这个企业的解读。一个企业的成功在于准确定位和愿景的设立，方向比速度更重要。让组织成为一个真正卓越高效的优秀组织的时候，这里面的每一个人，一定都要对愿景有一个很重要的了解。

✿ 组织修炼的目标不是实现自我价值，而是自我超越。自我实现是培养自己的能力，培养对自己的负责，是对于自己想要的能够百分之百的负责与达成。自我超越就是永远改变自己，然后去解决组织的问题，永远为了组织共同的目标去修正自己。

✿ 家庭也是一个组织，同样需要自我超越的承诺和不断去想自己如何改变，能够包容对方、适应对方，组织修炼是一个人自我超越的过程。

✿ 从生命神圣诞生的那一刻起，人就存在于群体的组织之中，相互依存、相互制衡、互为因缘，一如永恒而和谐的自然。人无法独立存在于世上，必须要依存于家庭、社会、国家、世界等各种形式的组织关系。如何能够使更多人在一起达成目标，是为人一生要学习的一门必修功课。

世界上那些历史悠久的组织之所以能够传承数千年而不败，是因为它满足了人内心深处的需求。只有达到将组织的使命和个人的需求相契合的精神氛围，组织才能在人心灵的推动下，从无到有，从小到大，直至永续发展。

组织的使命：为更多人创造幸福；组织的存在：让更多人得以成长和进步；组织的精神：聚集有着共同使命的个体，达成内在共同的需求，完成组织任务的诉求；组织的智慧：对个体生命价值的深刻理解和提高个体生命品质的终极关怀。

✿ 每个人来到这个世界上都有着追求崇高精神和获得美好生活的渴求，并为之而努力终生。这种渴望凝聚起强大的精神能量，创造出丰富的有形物质。所以组织的成长和永续发展在于如何达成组织与个体精神追求之间的共识，这也是完成组织与个体能量提升的修炼过程。

人类历史上的每一次辉煌，都凝聚着组织的智慧，并充分发挥出组织的效能，这是人类天赋的意识和本能。有组织的地方就会形成个人意愿与组织目标间的碰撞、促进、融合、发展。每位组织成员的思想行为都会影响组织的状态和氛围，所以，组织修炼的过程也是组织和它的成员共同学习、进步和成长的一个必要过程。

♥ 人是要带领的

✿ 物品可以管理，人只能领导。领导者是奉献、牺牲和给予。

✿ 权力是一种技能，可以用地位控制别人的意愿，可以让对方按照自己的思想行事。权力可以买卖，可以世袭。威信是一种能力，是运用自己的影响力，让更多人跟随你。威信只能用你的意愿去换。

✿ 你能带领什么人，基于你对人的了解和愿意为他服务的坚持。人不是管的，人是要带领的。好人是教出来的，行为规范不是写在纸上，而是要上行下效。

✿ 通常情况下，老板不会辞退员工，只有员工离开老板。老板找人着急还是员工找工作更急？老板走不了但员工可以随时走，老板的优势少于员工。作为老板要时时检视自己：我找人的初衷是什么？为什么一些出现问题的员工会来到我这里？初衷决定结果。

✿ 做一件事不难，难的是不断做且一次比一次做得更好。这是一种担当、一种信仰。

✿ 一个人在顺境中做得好是件容易的事情，在逆境中、在不顺耳中，还能不断提升自己则是一种修为。

❤ 真正的高效是敬天爱人

✿ 生命中的一切经历都是在让人看到自己是谁，是一个什么样的自己，并因洞见而接受自己。有觉悟而改变自己，让自己在这一生有所不同。

✿ 组织的定义不仅是企业，也包括一个家庭、一个能够和人或需要和人在一起的过程，而这些经历都是能够让人有所觉察。觉察生命现象的平等，所以，必须互相扶持、互相尊重、互相支持。

✿ 感恩、忏悔、爱是动词而不是名词。以此来作为自己的掩饰或者推脱、逃避的借口，那是对这些美好词汇的亵渎。

✿ 很多人追求效能，希望能够在最短的时间做出更大、更多、更惊人的事情来。真正的效能是你必须要让一切有所不同，这一次比下一次做得更好。是否高效能就是看你能用现在这一刻改变多大程度的过去与未来，用当下去对过去与未来做最大不同的创造与改变。效能是一种对生命每一分每一秒存在的状态的了解。快只是比别人急，大其实是贪，它们只是被美化成做大做强而已。有功能快，有德才久。

✿ 真正的高效不是有多快而是如何能够敬天爱人。

✿ 世界上的一切其实都在规律中。一切都是能量流动的轨迹，不是强求而是顺应。庄子的伟大在于，不是去求而是创造，无为而治。

❤ 初衷决定结果

✿ 一个人做成一件事很简单，很多人一同达成更大的目标就变得很难。如何跟人在一起达成目标，成为人一生要学习的一门很重要的课程。

✿ 人的一生都是在找人，朋友、同学、爱人、志同道合的人。发出什么样的信念就会吸引到什么样的人。找人就要找对人。

✿ 幸福与痛苦，开心与烦恼都只是人的一种选择罢了。每个人都有选择自己心情和自己要过的生活的权力。人的一切都是选择的结果，只是看你的初衷和你想要的到底是什么。

✿ 产品需要市场调查，人有感情储蓄。人最难的一件事就是看见自己，发现自己的状态。人与人有着相生相克、互为因缘的关系，人要懂得与关系的互动和距离。

✿ 我们常常会说爱谁，其实爱谁不重要，重要的是爱自己。对别人最大的爱就是提升自己的生命价值，让更多人因你的存在而更加开心喜悦。

❤ 企业绩效是德位相配的必然

✿ 看一个领导不是要看他怎么摆出样子，拥有多大的位阶权势。一个领导者的诞生从承担开始——你曾经达成什么样的事情，就具备什么样的才能。一切都是我，我是一切。只有承担才能让人真正地修炼到，没有承担，所知道的都是知识或者技巧。对事情承担过后培养出来的是一个人的才智。

✿ 领导是组织对他的生命托付，要学会对事和对人的承担。只有尊重、感恩并且通过行动而做到，才能够让人甘愿追随。

✿ 一个好的管理者并不关心一件事情的成败和得失，重要的是能否透过这件事情让人更有智慧。

✿ 一个人要修的不是才干，不是能力而是德性。如果一个企业能够永续发展，那么这个领导或者创始人一定是位具足德性的人。

✿ 一个领导的成就和所带团队建设企业的成效都是德位相配的必然结果。

❤ 和人在一起放下期许

✿ 人无法离群索居，从出生的那一天开始，人就在组织中。有人的地方就有组织，有组织就会出现人与人的碰撞和矛盾，如何与人在一起，这是一个必修的课题。对人的修炼和对事的修炼也是人这一生中最难的考验。

✿《第五项修炼》讲到"一群智商都超过 120 的个人，加起来的团队，往往组织表现才 60，一个智商 120 的人，带领一批智商 60 的个人，加起来的组织表现却能到 120。"这不是与人与事有关的技术方法问题，而是在对人性有所认知和了解基础上的修炼过程。

✿ 和人在一起，放下期许。如果你都了解、都知道了，是否还愿意给他一次经历的机会？人需要知识但更需要经历，因为只有经历才能发现和改善。人的一生就是一个发现和成长的过程。禅宗不立文字，不讲俗理，而是让你去经历，然后有机会修正，只有亲身经历，才能感同身受。不经一事，不长一智。

✿ 生活中所有的问题都不是问题，都是让人看到自己并有一次可以进步和成长的机会。如果你看到问题并修正，这个问题就成为生命最好的礼物，不然就是最大的成本。人的修炼如果不能回到自己身上还是在外求，认为都是别人的事情，那就会陷入循环往复，继续"受苦"。

✿ 大多数人进入关系，着眼于能够得到什么，而非能放进去什么，关系的目的是将你喜欢看到自己的那部分显像出来，而非你可以保留别人的那个部分。

✿ 关系的目的并不是拥有一个能令你完整的人，而是拥有一个你可以与他分享你的完整的人。在关系里执着别人对自己的感受是造成关系失败的原因。

♥ 人的境界可以超越外在环境

✿ 不同的环境会对人有不同影响和作用，但是人的境界可以超越外在的环境。

✿ 对于做慈善或者公益活动，捐助者如果认为自己有多么的高尚和伟大或是要成为慈善家，其实那是错误的。要感恩的是那些被捐助者，因为有了他们才有了我们为他人付出的机会。所以，要感恩那些给我们带来公益机会的人，他们是在用自己的状况来滋养我们的慈悲心。

✿ 要感恩那些让我们可以提升、告诉我们怎么样可以生活得更好、通过"苦难"经历来帮助我们消除自己的"业"的人。

✿ 世界上没有无缘无故的爱，也没有无缘无故的恨，一切都是因果关系，有因必有果，有果必有因。我们看到的只是眼前的经历，其实正是这些经历才让我们体验到当下的状况。我们不仅要了解当下，更要看到事情的全貌。

✿ 修，不是闭关，不是打坐，而是在生活的方方面面，在生活的经历中看到自己并真实地面对自己，改变自己，让自己更好，让更多人因为自己的改变而生活得更美好，那才是大修。

❤ 动机决定人与人在一起的时间

❀ 人与人在一起是一个考验。动机决定在一起的时间，动机偏差越大在一起的时间就会越短。人与人不仅是亲情和友情，更是一次从与对方的关系中看到自己和修炼自己的过程。

❀ 组织是一个生命，有着精神与物质两个层面。一个人做事情是简单的，很多人一同达成一个大的目标就不那么简单了。如何与更多人在一起达成目标，不能不成为人一生要学习的一个课题，和人在一起也是对人最大的考验。

❀ 人的一生都是在找人，朋友、同学、爱人、志同道合的人。有什么样的理念就会吸引到什么样的人。你要找的就是你所缺和你所想的。能够和一群人在一起达成目标，不是能力而是智慧。

❤ 计较是贫穷的开始

❀ 人的行动一方面来自于思想境界，也就是愿意超越自己的舒服圈，这是一种利于他人的精神。另一方面来自于能量，就好比当银行存款有限时，就会计较付出，不能也不愿意付出行动。

❀ 能量是来自于交换，只有在交换的过程中才能提升或保有能量。有句话说得好——计较是贫穷的开始。

❀ 人是被精神所感染和召唤的，一个领导的权力不在于权威而在于威信，不在于权利而在于以身做则，上行下效的影响。

❀ 一种境界，一种人生！修是为了觉悟，觉悟是为了行动！

❤ 组织修炼是"修"自己

❀ 从生命神圣诞生的那一刻起，人就存在于群体的组织之中，并相互依存、相互制衡、互为因缘，一如永恒而和谐的自然。组织不单指企业，有人的地方，就会出现人与人的互动，从家庭，到团体，一些人在一起吃饭、聊天、聚会等，都是组织的互动形式。

❀ 人无法独立存在于世上，而必须要依存于家庭等各种形式的组织关系。人以群分物以类聚，什么样的人就会和什么样的人在一起。所以，和人在一起就是一个发现自己的过程，从与他人的冲突中能够有效地看到自己。

你不能容忍对方的地方就是你的能量被"卡"住不能正常流动的地方，也就是要修的地方。我们会有这样那样的情绪——为了一件事一个人而产生情绪，回头想，不是对方的问题而是自己过不去这个坎，是一次发现自己完善自己的机会。

❀ 只有你提升了，才能吸引到和你同频或者说有着共同使命和理想的人。所以组织修炼不是管理别人，而是修自己的德性，让自己更进步更精进。

♥ 顾客与产品是一种能量交互

❀ 很多人说现在的生意不好做，市场竞争压力大。其实不是因为有竞争而感到压力，而是因为没有看到或者找到所在行业的规律。《礼记·大学》所言：物有本末，事有终始。知所先后，则近道矣。意思是：每个事物都有根本和枝末，都有开始和终结，一旦明白了这本末始终的道理，就接近事物发展的规律了。

❀ 人的集体无意识看似纷乱，其实都是在一个轨迹上前行，这些"纷乱"随时被集体意识所呈现的智慧所修复和不断扭转。在"无"中创造了"有"，而这从无到有的过程中，则蕴藏着发现、掌握和运用规律的智慧。

✿ 不是竞争和市场改变了什么，而是人在改变过程中能够看到和发现自己的经营思想与方式，并在经历中洞见生命现象的本质，这也是智慧的开始。我思，故我在！而不是"我在，故我思！"

✿ 顾客与产品的关系，实际上是一种能量交互现象。物质与能量是宇宙的最基本构成，也是人类社会各种关系的体现。生命的本质在于汲取和释放能量，产品的兴衰是能量聚汇与离散的过程。从这个意义上说，人的购买行为本身就是一个能量交互的过程——以货币的方式形成能量储备，再通过货币支出交换当下所需的新能量，以满足安全、尊重、价值、自由的需求。

✿ 今天的商业模式，不是用眼、耳、鼻、舌、身、意来感知这个世界，而是用精神去链接其背后呈现的规律。如果不能发现所在行业的规律，就会倍感竞争和市场压力！

♥ 心智营销

这是一个激烈商战的时代，也是一个能够通过塑造品牌实现销售溢价的时代。优秀品牌深植人心的秘密不只在于产品的物理技术和功能承载，更重要的是品牌与受众（顾客）间的心智共鸣和能量链接。当品牌能够唤起受众（顾客）的心灵需求、价值共鸣和潜意识中对生命能量提升的渴求时，顾客就会乐于溢价购买。

心智，就是人由思想与智慧表现出的对事物判断和行为的能力。从消费者的角度讲，心智就是蕴藏在消费者内心深处的对产品价值认同的程度。心智营销就是研究、掌握和运用人的心智运作规律，以促成消费者的购买行为，达成营销目的。

心智营销是一种全方位的营销模式，打破了传统以产品为导向的营销方式。将量子力学、爱因斯坦的能量理论以及东方哲学智慧相结合，通过原创的巧妙而独到的方法，探究、解析人的行为动机、潜意识、精神归宿、思想共鸣；提升消费者眼、耳、鼻、舌、身、意对于品牌的体验感受，促成能量的转换，实现购买行为。因此，心智营销是一种终极的营销模式，它对未来商战的影响将是革命性的。

心智营销认为塑造品牌精神的关键在于四个方面：

一、找到规律，准确定位。物有本末，事有终始。心智营销一方面研究的是在未来生活发展趋势和需求中如何使有形产品在技术、功能等方面提升，另一方面则研究人使用该产品可以在哪些方面得到精神满足或者填补哪些精神的渴望与匮乏，最终找到有形产品和无形品牌精神的契合点，对产品进行准确定位；

二、提升能量，塑造品牌。商品从设计、制造，到销售、服务，每个环节都蕴含着从业者付出的精力和智慧，并凝聚成这件商品的内在能量。产品凝聚的能量越高，表现出的品质就会越好，就会给予用户更安全、更舒适、更便捷的体验。喜悦的感觉会使人的生命能量得以提升，不良的体验则使之折损。这就是品牌可以超越功能和技术，带给顾客喜悦、尊崇、羡慕以及自我满足的感觉的秘密；

三、品牌精神，价值共鸣。人的心智源于过往耳濡目染的信息集成，并通过细胞记忆固化在当时的情景中。当类似的情景再次出现时，人的心智就会引导身体做出与过往经历类似的反应，形成对当下事件的判断、分析、态度和行为，这就是所谓的"触景生情"。心智营销一方面寻找能够唤醒目标客户的细胞记忆的品牌诉求，另一方面促成品牌与顾客心智之间产生强烈的价值共鸣，创造受众与品牌精神的能量通道，使品牌能量有序地转化为顾客的消费需求，促成其购买行为和品牌忠诚度；

四、提升境界，永续发展。任何事物都是由人创造出来的，同样的产品由不同人经营就会有不同的结果。人与人之间的差距不在于受教育程度、家庭背景、社会地位等，而在于对事物认知的思想。而人的思想又来自于情绪和境界。

所以营销的最高境界不只是产品的售卖，更重要的是品牌经营者对自然、社会、生命的领悟和通过学习达到智慧、能量、思想境界的提升，只有不断超越自我的狭隘认知，将不断提升的境界倾注于产品更新，融合于营销理念，才能使所经营的品牌不断壮大、永续发展。

♥ 企业文化是集体意识的聚合

✿ 改变和提升自己需要勇气，需要行动，更需要智慧！

✿ 智慧地看一切，智慧地感受一切，智慧地使用好自己的一切。

✿ 人的很多行为都是集体意识的呈现，而不是自己的思想。满招损，谦受益。当一个人或一个企业的威望、影响、财富在很大程度上超越与其有可比性的人、事、物时，就很容易受到集体意识的"攻击"，这是一种自然的平衡。在东方文化中常讲要高调做事，低调做人，更有"十方来，十方去"智慧。这既是东方的智慧，也是做人做事的道路。

✿ 任何事情的结果背后都有其运行的轨迹及规律。这即是一种平衡也是当下集体意识的显现。

✿ 企业文化是集体意识的聚合与最终呈现，是通过表象来聚合与之相同频率的人、事、物，并将其传播与放大，通过这一形式来唤醒人内在曾经的缺失，填补因缺而形成的内疚与负，这也表现为人的使命。

我们所拥有的一切，
尽管看起来是外在努力的结果，
实际却是由我们内在境界、情绪、家族、基因共同作用下所能够聚合到的能量的显现。

丁

我们无法创造宇宙，

但是，我们可以发现并运用规律来改善与提升我们的现状。

这种自然规律就是敬天爱人，用感恩与外在链接，这既是宇宙法则也是人类集体智慧的延展方向。

总有一些重要的事情化身为使命赋予我们，

所以我们必须克服实现自我价值的思想障碍，

让生命的正能量更加充盈，以助力生命的喜悦及梦想的实现。